艺术品收藏与投资丛书

翡翠

收藏与投资

谢宇 编著

华龄出版社

责任编辑：李成志　吴　靖

装帧设计：春晓伟业

责任印制：李浩玉

图书在版编目（CIP）数据

翡翠收藏与投资／谢宇编著.—北京：华龄出版社，

2009.3

　　ISBN 978-7-80178-593-0

　　Ⅰ.翡…　Ⅱ.谢…　Ⅲ.①玉石-收藏②玉石-鉴赏　Ⅳ.

G894　TS933.21

　　中国版本图书馆CIP数据核字（2009）第028184号

书　　　名：翡翠收藏与投资

编　　　著：谢　宇

出版发行：华龄出版社

印　　　刷：北京威灵彩色印刷有限公司

版　　　次：2009年5月第1版　　2009年5月第1次印刷

开　　　本：787×1092毫米　1/16　印　　张：12

字　　　数：100千字　　　　　　图　　幅：600幅

定　　　价：78.00元

地址：北京西城区鼓楼西大街41号　　　　邮编：100009

电话：84044445（发行部）　　　　　　　传真：84039173

在我国，翡翠是爱玉的清代人为一种产自缅甸的玉石所取的名字，属于商业名称。单用"翡"时，是指翡翠中各种深浅的红色、黄色；单用"翠"时，是指各种深浅绿色的翡翠，高级的绿色翡翠一般叫"高翠"。"翡翠"一词在我国的出现甚早，但不是一种玉的名称。在汉代，"翡翠"是指一种以红、绿两色分雌雄的"翡翠鸟"。汉代许慎编著的《说文解字》载："翡，赤羽雀也。翠，青羽雀也。"《后汉书·班固传》中《异物志》中有"翠雀形如燕，赤而雄曰翡，青而雌曰翠，其羽可以饰帷帐。"

翡翠的英文名称为Jadeite，源于西班牙语Pridra Deyiade，其意思是指佩戴在腰部的宝石，原因是在16世纪，人们认为翡翠是一种能治腰痛和肾痛的宝石。翡翠是一种以硬玉矿物为主的辉石类矿物的集合体，是当今世界上最为贵重的宝石品种之一。目前，全世界的翡翠产地很少，仅有缅甸、日本、美国和俄罗斯产出，可作为宝石级的翡翠原料仅产于缅甸北部。因此，翡翠还是一种非常稀少的宝石。

翡翠，自古以来一直就是东方民族最喜爱的玉石珍品。它以艳丽的色彩、美丽的光泽、晶莹剔透的滋润感，在众多的玉石大家庭中被人们冠以"玉石之王"的美誉。同时，它在宝石家族中与钻石、红宝石、祖母绿一起被称为"四大名宝"，在东方位居首位。

在我国，翡翠是继软玉以后，人们最喜爱的玉石品种之一。人们赋予它许多神奇的文化内涵，形成了中华民族源远流长的翡翠文化，翡翠几乎成了现代人心目中神的化身、玉的代名词、希望和追求的动力。

当今社会经济的全球化和飞迅发展，为人们创造了形式丰富的收藏与投资的渠道。众所周知，虽然储蓄没有风险，但却是一种回报率十分低的投资方式。一旦遇到通货膨胀的年代，储蓄往往还会带来

负面效益，虽然钱的数目上有所增长，但实际购买力却会下降；股票、基金是快速、简便的投资方式，不但易于操作，有时候还能给投资者带来巨大的收益，但是股票和基金的风险大家是有目共睹的；房地产投资虽然也会时常带来可观的利润，但是房地产的投资额通常十分巨大，致使大多数投资者很难问津；字画、古玩投资，从投资特点来说与翡翠投资十分类似，都是具有较强的增值潜力的投资品种，都具有陶冶性情、提高投资收藏者的文化品位、体积小、便于携带、便于收藏的优点，但是字画等易于损坏，难以保存，它常常会受到虫蛀、水渍、火烧等的损害。对于这些方面，翡翠最具优势。耐久，本来就是翡翠的基本属性之一，因此，人们经常会看到许多翡翠尽管屡经战乱，数易人手，仍能辗转流传成百年、上千年。

有鉴于此，为了使广大翡翠爱好者和收藏者对翡翠的发展历程及当前翡翠收藏市场的行情有一个全面的了解，我们特聘请翡翠研究专业人士精心策划和编辑了《翡翠收藏与投资》一书，希望本书能对广大翡翠收藏投资爱好者有所帮助！

全书运用丰富的图书资料、广大收藏爱好者对翡翠的研究资料，对翡翠作了一个全面、系统的介绍。（全书系统地介绍了翡翠的发展历程以及艺术特点、种类和鉴别、评估价值、收藏与投资技巧等知识，收集了相关翡翠精品图片数百幅，使读者对翡翠的发展历程有一个系统的、全新的认识。）全书图文并茂，装帧精美，彩色印刷，极具欣赏和收藏价值，是翡翠投资者、收藏者不可多得的一部参考书。

本书在编写过程中，参考了国内外出版的相关作者关于翡翠研究的相关作品，并得到了许多专业人士的支持和帮助，在此谨向他们表示诚挚的谢意！

另外，因为本书编写时间仓促，加上编者水平所限，书中错漏之处，希望广大读者朋友和专家批评指正！

读者交流信箱：bcgmnew@163.com。

编　者

目 录

第一章　翡翠的基本知识/1

一、翡翠的起源与发展/2

二、翡翠的特征/3

三、翡翠的文化及功能/4

第二章　翡翠的品质要素和评价/39

一、翡翠的颜色要素/40

二、翡翠的质地要素/43

三、翡翠的水/46

四、翡翠的种/48

五、翡翠的净度要素/55

六、翡翠品质的重量（大小）要素/58

七、翡翠的评价依据/58

八、翡翠的民间评价标准/60

第三章　翡翠的鉴别/83

一、翡翠的品种鉴别/84

二、翡翠的常用鉴别方法/90

三、镀膜翡翠的鉴别/91

四、翡翠代用品的鉴别/91

五、几种常见翡翠赝品的鉴别/94

六、真假翡翠的正确鉴别要点/95

七、人工处理翡翠的鉴别方法/99

八、翡翠A、B、C料的处理标记/99

九、翡翠A、B、C、D货的鉴定/100

第四章　翡翠仔料、赌石的特征和识别技巧/109

一、翡翠仔料的外皮种类和特征/110

二、翡翠仔料的半风化层——雾/113

三、翡翠仔料外皮上的花纹/114

四、翡翠仔料的绺裂和识别/115

五、翡翠仔料做假的类型和识别/116

六、赌石的场口和场区/119

七、翡翠赌石的特征/121

八、翡翠赌石应注意的几个问题/124

九、翡翠赌石的真伪辨识/124

第五章　翡翠的收藏投资与保养/132

一、翡翠的收藏价值标准/133

二、翡翠的价值评价/135

三、翡翠的收藏投资要点/139

四、翡翠原料的收藏与投资/143

五、翡翠的保养/143

第一章

翡翠的基本知识

FEI CUI DE JI BEN ZHI SHI

一、翡翠的起源与发现

1. 翡翠概述

翡翠，自古就是东方民族珍爱的玉石珍品。它凭借艳丽的色彩、美丽的光泽、晶莹剔透的滋润感，在玉石家族中被冠以"玉石之王"的美誉。另外，它在宝石家族中与钻石、红宝石、祖母绿一起又被人称作"四大名宝"，在东方地位非常之高。

翡翠的英文名称为Jadeite，源于西班牙语Pridra Deyiade，原意是指佩戴在腰部的宝石，这是因为在16世纪，人们认为翡翠是一种可以治疗腰痛和肾痛的宝石。在我国，翡翠是继软玉以后，极受人们喜爱的玉石品种之一。人们赋予它很多神奇的文化内涵，形成了中华民族源远流长的玉器文化。

目前，全世界的翡翠产地极少，只有缅甸、日本、美国和俄罗斯产出，可作为宝石级的翡翠原料更是少之又少，仅产于缅甸北部。因此，翡翠还是一种极为稀缺的宝石。

2. 翡翠的名称起源

在古代中国，翡翠原本是一种鸟的名称，毛色极为美丽，主要有蓝、红、绿、棕等颜色。通常情况下，雄鸟为红色，被称为"翡"；雌鸟为绿色，被称为"翠"。唐代著名诗人陈子昂曾在《感遇》一诗中这样描述道"翡翠巢南海，雌雄珠树林。何知美人意，娇爱比黄金。杀身炎州里，委羽玉堂阴。旖旎光首饰，葳蕤烂锦衾。岂不在遐远，虞罗忽见寻。多材信为累，嗟息此珍禽。"大意是说：翡翠鸟在南海之滨筑巢，雌雄成双成对栖息于丛林中，美丽的翠羽制成的首饰光彩夺目，翠羽装饰的被褥也是鲜艳夺目。诗人赞美翡翠鸟是一种非常漂亮的宠物，其羽毛可做首饰。

到了清代，翡翠鸟的羽毛作为饰品传入宫廷，特别是绿色的翠羽深受皇宫贵妃的喜爱。与此同时，大量的缅甸玉通过进贡的形式进入皇宫，受到贵妃们宠爱。因为其颜色也多为绿色、红色，且与翡翠鸟的羽毛颜色差不多，所以人们把这些缅甸玉叫作"翡翠"，渐渐在中国民间流传开来。此后，"翡翠"这一名词就由鸟禽名转为玉石的名称了。

▲ 乾隆孝贤纯皇后像轴　清　佚名

3. 翡翠的发现

据《缅甸史》记载，公元1215年，勐拱人珊尤帕受封为土司。人们相传他渡勐拱河时，偶然间在沙滩上发现了一块形状像鼓一样的玉石，他非常高兴，认为是个好兆头，于是立即决定在这附近修筑城池，并称作"勐拱"，意指"鼓城"。后来，这块玉石一直作为传世珍宝被历代土司保存下来。此处也成了后来翡翠玉石的开采福地。

关于翡翠的起源，还有一种说法是起源于中国云南省。据英国人伯琅氏著书记载：勐拱所产玉石，其实是13世纪时中国云南的一位驮夫所发现的。相传，那时的云南商贩沿着已有2000余年历史的西南丝绸之路与缅甸、印度(天竺)等国进行交易。一次，在贸易过程中，有一位云南驮夫为了让马驮两边的重量相同，在返回腾冲(或保山)的途中，在今缅甸勐拱地区随手从地上拾起一块石头放在马驮上。等到回家后一看，原来途中捡得的石头是翠绿色的，好像是一块玉石，经过初步打磨，确实碧绿可人。

后来，驮夫又多次到产出石头的地方捡回很多石头到腾冲加工。此事传播开后，便吸引了更多的云南人去找绿石头，然后加工成成品经过滇粤运往京沪等地。这种绿色的石头就是后来人们所说的翡翠。

二、翡翠的特征

1.翡翠的基本特征

翡翠，原称硬玉，是相对于软玉而言的，由于它具有比软玉稍大一点的硬度。但时至今日硬玉一词在使用上较为混乱。有人也常常把组成翡翠的主要矿物——钠铝辉石（$NaAlSi_2O_6$）叫做硬玉。钠铝辉石是钠和铝的硅酸盐类矿物，属辉石族矿物单斜晶系，晶体呈短柱状、纤维状，独立晶体非常少见，大多呈现致密的微晶质或细晶质的集合体产出。玻璃光泽，颜色通常为乳白色、微绿色或微蓝色；如果有微量铬混入其晶格时，其颜色可变为绿色到艳绿色；如果含铁，就会使颜色变暗。

一般情况下，翡翠中钠铝辉石含量不低于90%，大多非常细小，只有在放大镜或显微镜下才能看到纤维状或柱孔状晶体交织，形成外观致密、坚韧细腻的质地。除钠铝辉石外，翡翠中也会含有少量杂质。这些杂质的存在和结集，会构成有损玉质的瑕疵和恶绺。

钠铝辉石是翡翠的主要组成成分，性质与钠铝辉石接近。一般具有半透明到微透明的质感，玻璃到油脂光泽，主要为乳白、浅绿到翠绿色，也有淡黄、淡褐、棕红及淡紫色。其中，绿色的叫作"翠"，黄红色的叫作"翡"，淡紫色的叫作"春"，白色或极浅的绿色叫作"地"，这些都统称为翡翠。它们的平均折射率为1.65~1.68，相对密度3.33左右，摩氏硬度6.5~7.0，具有非常好的韧性。

在自然界，翡翠的产出状态有两种：一种是原生的，即直接产在山岩中，被人们称为山料。由于山料未经自然界的反复筛选，它的品质通常较差，含杂质较多。另一种是次生的，即它是山中的原生岩石(山料)由于长期遭受风化侵蚀而被剥离下来，并被流水冲运到山下低注处的河谷、阶地中沉积下来。因为这类材料大多都经过不断的冲带、搬运，一些质地较软

的杂质多被磨蚀，最后留下了品质较好的玉石料，因此，这种被称为水料的玉石原料通常优于山料；并且它们都能够成独立的一块，表面有因受到风化和外界的污染而形成的皮。一块翡翠原石料，若按其物质组成的差异大致可分为四个部分：

最外层的皮壳。这一层仅见于水料，山料通常没有皮。皮壳可分为黑色、褐色、黄色、灰色等。它是翡翠原石受风化作用影响及外界物质污染的结果。皮壳的厚度和颜色随风化作用的程度及原石本身的质地情况而不同。

翡，翡是紧邻皮壳的次外层，仅见于水料。翡也是翡翠原石受风化作用影响的结果，是含铁矿物氧化后形成的氧化铁渗染翡翠的产物。随铁的氧化程度不同，翡的颜色也会出现黄、棕、赭、红等变化，其厚度既受制于氧化程度，也受制于原石的颗粒粗细和裂隙的发育程度。从宝石学角度看，翡的价值仅次于翠。

地，地是翡翠原石的主体。通常呈乳白到微绿色，有时也会夹杂有浅紫色的春。

翠，翠是翡翠原石的精华。通常呈现条带状、脉状、斑杂状、团块状等形式，有时可能会夹杂有暗绿或黑色的斑点。翡翠中翠含量的多少是评价翡翠原石价值高低的最重要依据。人们据此将翡翠料石分为三档：其一，色料，即整块料以"翠"为主(每千克售价几万至上百万元)；其二，花牌料，整块料以"地"为主，夹杂有一定量的"翠"(每千克售价几千至上万元)；其三，砖头料，几乎全部由"地"组成(每千克售价几百至上千元)。

▲ 带敲口的翡翠原石

翡翠原石通常有皮，其内部含翠量究竟多少？翠的品质究竟如何？一般不容易准确作出判断，加之在市场上还出现有大量的用各种手法作假的料石，因此翡翠行里有"神仙难断寸玉"的说法。导致购买这种料石的风险很大。所以，翡翠原石常被人称为"赌石"。

2.翡翠的矿物学、岩石学特征

(1)翡翠的矿物学特征

翡翠主要是硬玉矿物的集合体。硬玉是一种单斜辉石亚族的矿物，属链状结构的硅酸盐，理想化学式为：$NaAl[Si_2O_6]$，Na_2O占15.4%，Al_2O_3占25.2%，SiO_2占59.4%；硬玉单斜晶系。自形晶体不多见，常呈粒状集合体或纤维状集合体。

硬玉通常为无色、白色、浅绿或苹果绿色，玻璃光泽，透明。

(2)翡翠的岩石学特征

翡翠实际上是一种致密块状、高硬度、坚韧度极高，以硬玉为主的矿物集合体。翡翠中硬玉的含量高达99%时，大多会呈现白色。而绿色的翡翠则一般含较多量的透辉石($CaMg[Si_2O_6]$)。此外，有些翡翠还可含有钙铁辉石、霓石、铬铁尖晶石和钠长石等。

翡翠的化学成分主要是Na_2O、Al_2O_3和SiO_2。但因其他矿物的存在，常含有一些其他的元素，如MgO、Fe_2O_3、CaO、TiO_2等。研究表明，翡翠中的Fe_2O_3、FeO、TiO_2对翡翠的颜色影响较大。此外，翡翠中还含有极少量的Cr_2O_3，正是由于Cr离子的存在，才使翡翠具有高档的翠绿色。因此可以这样说，Cr致色的翡翠，通常才算得上真正的高档翡翠。

翡翠是由硬玉矿物组成。在显微镜下观察：硬玉一般以细粒或纤维交织结构出现，颗粒粒度通常在$0.1\sim0.5$毫米之间。依据粗细程度，我们可以把它分为：微细粒结构、细粒结构、粗粒结构。通常说来，前两者质量较高，透明度较好，后者质量较差，透明度差。将它们放置在10倍放大镜下观察，微细粒结构看不见颗粒，而后两者仅凭肉眼就能见到颗粒的存在。在同一翡翠的不同部位，经常能够看到颗粒粗细不匀，甚至三种结构特征同时存在的情况。

▲ 厚皮山石

上等翡翠常会呈现纤维状的颗粒形态，质量稍次的翡翠则往往呈现粒状结构；而大多数翡翠粒状与纤维状结构同时存在，这就是人们通常所说的变斑晶交织结构。在翡翠的成品或抛光面上，这两种不同颗粒形态以及不同排列方式很容易出现斑晶与周围纤维的交织，这是鉴定翡翠非常重要的一个特征。

三、翡翠文化及功能

1.翡翠文化的内涵

翡翠是许多人喜爱的玉石品种之一，它光泽鲜艳、美丽动人。与其他玉石一起在中国历史的长河中构成了独特的文化；它并非仅仅是一种美丽的石头，在人们的心目中，它是一种神秘的信仰和附托，还带着强烈的政治经济色彩。在玉的内涵中，深深地烙下了社会政治经济文化发展的印痕。翡翠文化的内涵主要体现在以下几个方面：

(1)思想道德

儒家思想的道德哲学可概括为：仁、义、智、勇、洁。其象征意义契合玉的物理性质："玉乃石之美者；有五德。润泽以温，仁也。鳃理自外可以知中，义也。其声舒扬远闻，智也。不折不挠，勇也。锐廉而不忮，洁也"。

由此可知，中国古代道德思想对玉的理解和对玉的美的理解完全与对人的道德品质的追求是相通的。玉的品质就是人的道德、人格。发展到后来的"宁为玉碎，不为瓦全"的崇高牺牲精神，即是以玉的纯洁高尚为喻。

(2)宗教文化

中国人对玉的理解，首先是从古代人对大自然的神奇力量的不可捉摸到作为神来膜拜、祭礼，进而转变为宗教观念的。不管是道家，还是儒家和佛家，都共同认为神灵的玉能够给予人们力量和智慧，并能庇佑人生的平安。所以，玉器中就出现了祭礼、辟邪、护宅、护身等独特的玉文化景观。例如，祭礼的玉大体有璧、琮、圭、璋、琥、璜。

玉器文化中独特的佛神文化是玉器宗教文化的重要组成部分。

(3)政治经济

玉器的政治经济思想始于阶级的出现，因此，它具有鲜明的地位等级、政令、战争、财宝等特点。中国人对玉器的地位等级的理解非常的精辟，它用不同的形器划分了人的政治地位。比如《周礼》中讲道：

"以玉作六瑞，以等邦国。王执镇圭，公执恒圭，侯执信圭，伯执躬圭，予执谷璧，男执蒲璧"，"天子既执圭，后则奉琮"。

▲ 大件褐皮黄雾绿翠丝翡翠原料

到了清朝，因为官位的不同，官员们佩戴的朝珠也各有区别就是这一思想的延续和发展。

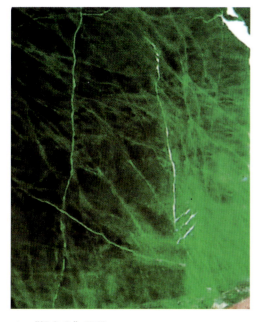

▲ "铁龙生"翡翠

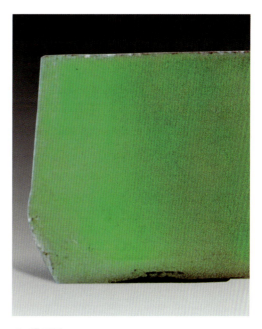

▲ 淡豆绿

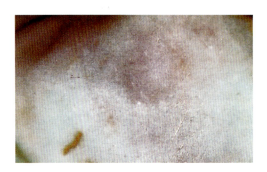

▲ 藕粉地翡翠原石

2.敛葬镇宅

据考古得知，敛葬用玉最早始于商周时期，汉代开始盛行，后来一直为各个朝代所采用，尤其是到了清代，几乎每座皇家陵墓中都有敛葬玉出土。现在，人们虽然已经不常用这种方法，但这一文化传统已经深入到人们的心底。许多先民们相信同生前一样，死后玉同样能护身辟邪，帮助死后的灵魂安息，其中，玉蝉是最常用的玉器，通常放在死者口中，象征人死后像蝉脱壳一样，只不过是换一种实体形式罢了，灵魂是永恒的。

用玉镇宅深为现代人喜爱，很多人喜欢在家里摆放一些小翠玉摆件，比如玉观音、玉瓶、玉兽、玉屏风，有时上面还雕有吉祥的用语。这其实也是辟邪护身的一种形式，人们希望通过这种方式实现逢凶化吉的愿望。

3.保健强身

认为玉器具有强身保健功效的说法，在民间早有流传。此说法最早可上溯到春秋战国时期，在明清时期更是广为流传，而且不少神奇般的传说也证明玉确实有此功效。比如：佩玉能活血，并且对防治高血压、心脏病有一定的功效；佩戴手镯能够有效防止老年中风等。

《本草纲目》中也有记载

▲ **翡翠文殊骑狮像**

年代：19世纪 尺寸：高47厘米
拍卖时间：1989年11月16日
成交价：HK$ 9,680,000
拍卖公司：苏富比香港拍卖公司

如下：玉有除胃中热、息喘、止消渴(糖尿病)、润心肺、助声喉、滋毛发、养五脏、止烦躁的作用。

玉之所以具有上述保健功能的原因，主要有二点：一是人们相信玉能辟邪，所以心理感到极为愉悦，生理上自然感到强劲。二是人们认为玉石集光电效应的谐振、放光、微量元素的透入等综合作用，使人体经络畅通，头脑清醒，延年益寿。

4.艺术造型

中国玉器的艺术造型是随着社会的发展与进步不断变化和改进的。我们知道，古代玉器的功能主要是为宗教和政治服务，因此那时玉器造型的宗教与政治色彩浓厚，比如：璧、琮、圭、璋、琥、璜。而近代，特别是现在的翡翠玉器，其功能主要是作为装饰和投资保值的功用，带有强烈的现代文明意识。翡翠玉器的造型艺术按其功用大致可分以下几大类：

(1)神像

主要有佛、佛母、菩萨、罗汉、八仙等，其意主要是满足人们辟邪护身的心理祈求，也客观反映了中国历史上源远流长的佛教文化对人类生活的影响，以及它在翡翠玉器文化中的作用。

翡翠微雕《十二园觉》即是体现佛教文化的佳作之一，此作品成功地体现了"觉有情、道众生"的佛教宗旨。微雕中刻的是文殊菩萨、普贤菩萨、观音菩萨、大势至菩萨、普眼菩萨、金刚藏菩萨、弥勒菩萨、清净慧菩萨、净业障菩萨、普觉菩萨、园觉菩萨、贤善菩萨这十二位菩萨正虔诚向佛陀请问园地修正法门、佛陀解答成《园觉经》的深密成佛之道。

(2)佩饰

佩饰主要有项链、手镯、手串珠、带钩、翎管、簪、戒指、环、玦、牌、坠、鸡心等。它们蕴涵着深厚的中国古老文化，主要有以下几种文化：

▲ 翡翠圆珠蓝宝石钻石手链
拍卖时间：1999年11月2日
估价：HK$ 58,000～65,000

▼ 圆形翡翠手镯（一对）
直径70毫米 厚12毫米
拍卖时间：1999年11月2日
估价：RMB 24,000～28,000

▲ 翡翠钻石蜻蜓胸针
拍卖时间：1999年11月2日
估价：RMB 2,600～3,800

▲ 金钻翡翠手镯
内径 5.1厘米
拍卖时间：1999年11月2日
估价：RMB 35,000～50,000

▲ 清 翡翠镯
内径 7.8厘米
拍卖时间：1999年1月7日
估价：RMB 6,000～8,000

▲ 高翠镶钻石双戒指
拍卖时间：1996年1月28日
估价：RMB 250,000～300,000

▲ 翡翠钻石戒指
拍卖时间：1999年11月1日
估价：HK$ 45,500～52,000

▲ 翡翠钻石圆宝石戒指
拍卖时间：1999年11月1日
估价：HK$ 28,500～32,500

▲ **高翠钻指环臂环组合套件**

18K金镶一重16.45克拉的冰种 翠绿翡翠，周围群镶99颗钻石构成中间主体，再以金链边系以78颗钻石镶成的指环和臂环，倍显豪情。此套用了177粒钻石，共重2.4克拉。国家珠宝玉石质量监督检验中心鉴定出证。

拍卖时间：1996年1月28日

估价：RMB 250,000～300,000

▲ 翡翠怀古钻石手链
拍卖时间：1997年4月30日
估价：HK$ 800,000～900,000

▲ 翡翠钻石胸针
18K白金镶9片艳绿色翡翠，翠质细腻，配镶钻石花叶总
重4.22克拉
拍卖时间：1997年12月7日
估价：HK$ 180,000～200,000

▲ 翡翠钻石蝴蝶胸针
拍卖时间：1999年11月1日
估价：HK$ 5,500～6,800

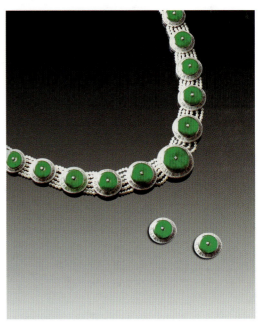

▲ 翡翠东珠链项链耳环
拍卖时间：1998年4月29日
估价：US$ 350,000～390,000

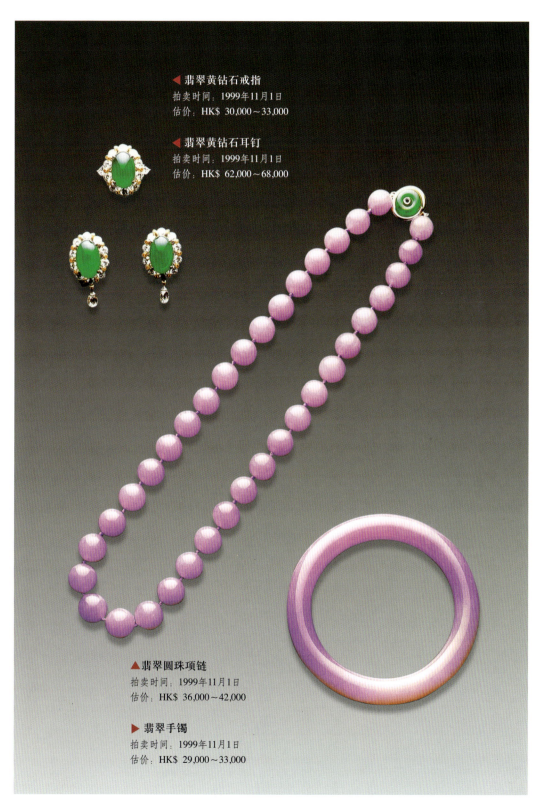

◄ **翡翠黄钻石戒指**
拍卖时间：1999年11月1日
估价：HK$ 30,000～33,000

◄ **翡翠黄钻石耳钉**
拍卖时间：1999年11月1日
估价：HK$ 62,000～68,000

▲ **翡翠圆珠项链**
拍卖时间：1999年11月1日
估价：HK$ 36,000～42,000

► **翡翠手镯**
拍卖时间：1999年11月1日
估价：HK$ 29,000～33,000

▲翡翠钻石耳环（一对）
拍卖时间：1998年4月29日
估价：HK$ 6,000～7,000

▲翡翠马鞍戒指
拍卖时间：1998年4月29日
估价：HK$ 20,000～23,000

▲养珠项链配翡翠六结钻石珠扣（一对）
珠扣可分拆分为别针配带，长项链亦可分为短
项链配带
拍卖时间：1998年4月29日
估价：HK$ 18,000～23,000

▲翡翠红宝石钻石戒指
拍卖时间：1998年4月29日
估价：HK$ 30,000～35,000

▲ 皇都积胜图卷（局部）佚名

生肖文化：中华文明特有的文化景观，主要用子鼠、丑牛、寅虎、卯兔、辰龙、巳蛇、午马、未羊、申猴、酉鸡、戌狗、亥猪这十二种生肖属相来寓意人生，在翡翠饰品中主要表现形式是玉佩。

福禄寿喜文化：反映了人们希望过上幸福生活，希望长寿，希望事业有成的美好愿望。在翡翠玉器中则多刻有荷叶、鱼、龙门、蝙蝠、铜钱、葫芦、寿桃、仙鹤、辟邪、龙凤、灵芝草等图案来表达此种意愿。

佛教文化：通常表现为观音、佛像等佛教文化的内容，但也能够见到耶稣基督教的十字架、道教的八卦图及阴阳鱼等。

君子佩玉文化：雕刻有冬梅、青松、翠竹的玉器，它们被誉为"岁寒三友"，用以借指君子高风亮节。

（3）陈设

陈设器主要造型有鼎、瓶、炉、壶、仙子、如意、花插、挂屏、人物、瑞兽等除神像外的雕刻。它们迎合了人们镇宅、辟邪、玩赏、愉悦人生等心理需要，这些大型的雕件如今经常出现在各种玉器拍卖会上，成为一种新的文化景观。

（4）文玩

文玩的造型主要有砚、笔筒、纸镇、棋子、图章及一些桌面微雕等。为古今文人雅客吟诗作画的案头必备品，它们是君子文化的重要组成部分。

（5）器皿用具

器皿用具主要有鼻烟壶、盅、勺、梳子、筷等，属玩赏用具，可以丰富人们的文化生活，娱乐人生。

（6）首饰

这是现代翡翠玉器饰品中最重要的组成部分，集中反映了现代人披金佩玉的心态以及现代玉器制作加工技术的成就。

其类型主要为：发饰、头饰、耳饰、鼻饰、项链、挂坠、戒指、胸针、手链(镯)、脚链等，多数是用各种形状的翡翠戒面，用18K金或PT900铂金，再缀以碎钻或梯方钻镶嵌而成，这种饰品是当今最具时尚的首饰品之一。

款式造型是一门特殊的工艺艺术，需要设计者的奇思妙想和不断创新，由此诞生了首饰设计与金属铸造两大艺术，它们体现了现代人对美的理解及生活的丰富内涵。

▲ **翡翠首饰（一套）**
项链、手镯、项坠
拍卖时间：1990年11月14日
估价：HK$ 6,000,000-6,500,000

▲ 翡翠吊坠
尺寸：5.721厘米×3.792厘米×3.792厘米
成交价：RMB 1.800,000

▲ 翡翠龙纹鱼跃佩
年代：清
尺寸：6.4厘米×4厘米×1.07厘米
估价：RMB5,000-6,000

▲ 翡翠钻石佛吊坠
尺寸：5.008厘米×5厘米×1.274厘米
成交价：RMB 2,300,000

▲ 翡翠白菜
年代：清 长：13.5厘米 拍卖时间：2002年7月1日
成交价：RMB 363,000
拍卖公司：北京瀚海

▲ 玻璃种翡翠竹节佩
估价：RMB 150000～200000
成交价：RMB 198.000

► **翡翠双龙耳三足炉**
年代：清　尺寸：高20.3厘米
拍卖时间：1988年11月17日
成交价：HK$ 4,620,000
拍卖公司：苏富比香港拍卖公司

► **翡翠鼻烟壶**
年代：1780-1850
拍卖时间：1992年10月28日
成交价：HK$ 396,000
拍卖公司：苏富比香港拍卖公司

▲ **翡翠狮印章**
拍卖时间：1990年5月16日
成交价：HK$ 2,640,000
拍卖公司：苏富比香港拍卖公司

▲ **清代耳片**

▲ **K金镶翡翠戒指**
年代：清
尺寸：0.7厘米×1.05厘米
拍卖时间：2003年11月26日
成交价：RMB 17,600
拍卖公司：中国嘉德

▲ 翡翠白菜

年代：清　尺寸：长13厘米

拍卖时间：2004年6月28日　估价：RMB 400,000

拍卖公司：北京瀚海

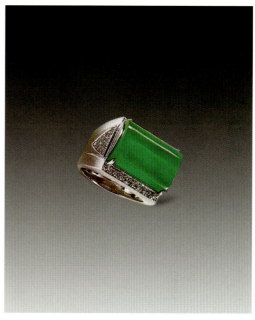

▲ K金镶翡翠戒指

年代：清　拍卖时间：2005年7月17日

拍卖公司：北京瀚海

估价：RMB 300,000-400,000

成交价：RMB 330,000

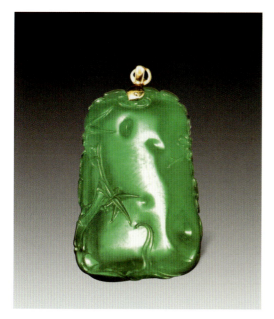

▲ 老坑冰种翡翠雕松梅挂件

尺寸：6.2厘米×4厘米

拍卖时间：2004年5月15日

估价：RMB 700,000-1,000,000

▲ 翠雕龙纹胸针

年代：清19世纪

拍卖时间：2000年10月30日

估价：HK$ 200,000-250,000

▲ **翡翠手镯**

翠色阳正，种份细腻，无裂痕，无斑点

尺寸：内径5.6厘米　厚7.4厘米　宽1.48厘米

成交价：RMB 4,800,000元

▲ **翡翠手镯（一对）**

尺寸：直径5.45厘米　估价：RMB 250,000～350,000

▲ 翡翠雕"福山寿海"山子摆件
尺寸：高25.8厘米
拍卖时间：2001年7月2日
估价：RMB 120.000-160.000
拍卖公司：北京瀚海

▲ 清代制玉图：开玉图

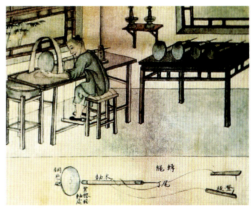

▲ 清代制玉图：磨砣图

▲ 墨翠貔貅
尺寸：长5厘米　估价：RMB 9000～18000

▲ 清代制玉图：打钻图

▲ C货貔貅（正面）

▲ B货佛

▲ 翡翠香炉

年代：晚清
成交价：HK$ 250,0000
拍卖公司：苏富比香港拍卖公司

▲ 冰种翡翠胸坠

▼ 翡翠手镯

拍卖时间：2007年10月8日
估价：RMB 6,000,000-9,000,000
成交价：RMB 11,057,525
拍卖公司：苏富比香港拍卖公司

▲ 翡翠吊坠

▲ 翡翠鼻烟壶
年代：清
尺寸：高4.9厘米
拍卖时间：2005年9月20日
估价：US$ 8,000-12,000
成交价：US$ 28,800

▲ 翡翠透雕螭龙带钩（一对）
年代：清
尺寸：长9.5厘米
拍卖时间：1983年11月15日
成交价：HK$ 2,750,000
拍卖公司：苏富比香港拍卖公司

▲ 翡翠手镯

▲ 翡翠手镯
尺寸：厚1厘米　内径5.6厘米
估价：RMB 120,000-150,000

▲ 翡翠雕缠枝灵芝手镯

尺寸：直径6.8厘米

拍卖时间：1999年12月6日

估价：RMB 100,000-140,000

▲ 薄荷翡翠手镯（一对）

拍卖时间：1999年11月1日

估价：HK$ 39,000-45,000

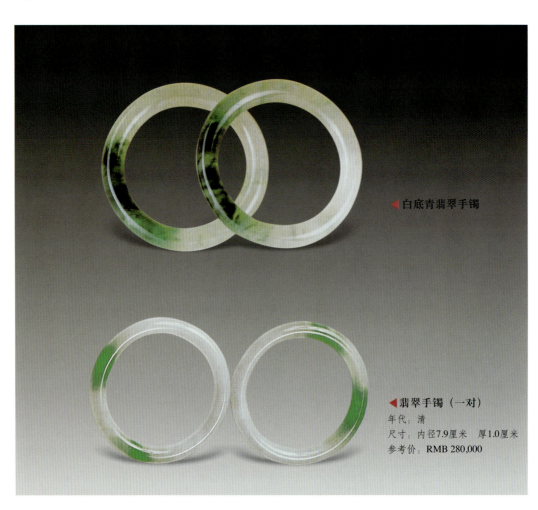

◀ 白底青翡翠手镯

◀ 翡翠手镯（一对）

年代：清

尺寸：内径7.9厘米　厚1.0厘米

参考价：RMB 280,000

▲ 冰种翡翠白头到老纹牌
尺寸：高5.1厘米　宽4.5厘米
拍卖时间：2004年7月1日
成交价：RMB 7,700
拍卖公司：上海东方

▲ 红翡弥勒佛项坠
尺寸：高3.2厘米
估价：RMB 10,000-12,000

▲ 翡翠牌
年代：现代
尺寸：高3.5厘米
拍卖时间：1999年11月24日
估价：RMB 6,000-8,000

▲ 翡翠观音
尺寸：高56.9厘米　拍卖时间：2005年5月18日
拍卖公司：中鸿信　成交价：RMB 165,000

▲ 玻璃种翡翠观音挂坠

▲ 翠玉镯

年代：清

尺寸： 直径8厘米

拍卖时间： 2000年1月9日

估价： RMB 6,000-8,000

▲ 翡翠手镯

尺寸： 直径8.2厘米

拍卖时间： 2005年5月18日

成交价： RMB 19,800

拍卖公司： 中鸿信

▲ 老种玻璃地翡翠手镯（一对）

年代：清中期

尺寸： 内径5.76厘米×2厘米　厚： 1.04厘米×2厘米

估价： RMB 800,000～900.000

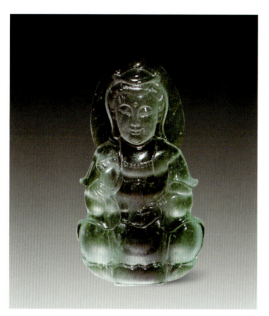

▲ 玻璃种翡翠观音

▲ 翡翠立观音
年代：清　　　尺寸：高46厘米
拍卖时间：2007年11月18日
估价：RMB 350,000-450,000
成交价：RMB 440,000
拍卖公司：诚铭国际

▲ 翡翠笑面罗汉挂件
尺寸：32厘米×23厘米×10厘米
拍卖时间：1996年1月28日
估价：RMB 35,000-40,000

▲ 翡翠花马佩
尺寸：高6厘米
拍卖时间：1999年8月3日
估价：RMB 150,000-250,000

▲ 翡翠手镯

尺寸：直径8厘米

拍卖时间：2004年

估价：RMB 40,000-60,000

成交价：RMB 55,000

▲ 翡翠镯

年代：清　尺寸：内径6厘米

拍卖时间：2003年9月1日

估价：RMB 15,000-25,000

成交价：RMB 16,000

▲ 紫罗兰翡翠手镯

尺寸：内径5.53厘米　厚0.8厘米

估价：RMB 7,000-9,000

▲ 紫罗兰翡翠手镯

尺寸：内径5.5厘米　厚1.1厘米

拍卖时间：2001年4月25日

估价：RMB 250,000

拍卖公司：中国嘉德

▲ 翡翠手镯（一对）

年代：清

尺寸：内径5.2厘米×0.9厘米×0.2厘米

估价：RMB80,000-120,000

▲ 清白翠花牌

▲ 翡翠翎管

年代：清

估价：RMB 10,000-25,000

▲ 老坑翡翠翎管

年代：清乾隆　　　尺寸：高5厘米，直径1厘米.

拍卖时间：2007年12月17日

估价：RMB150,000～200,000

成交价：RMB224,000　　拍卖公司：北京翰海

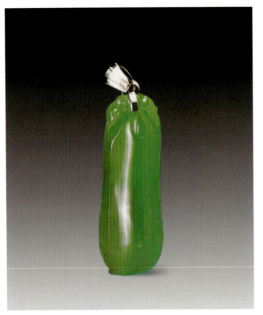

▲ 翡翠福瓜挂件

尺寸：高6.2厘米

估价：RMB 800,000-1,000,000

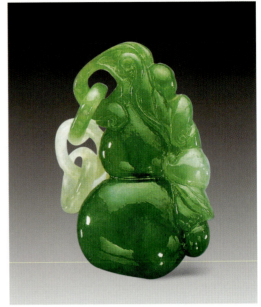

▲ 福禄双至挂件

尺寸：高3.6厘米　宽2厘米　厚9厘米

拍卖时间：1996年1月28日

估价：RMB 60,000-90,000

▲ 翠巾圈（一对）

年代：清　拍卖时间：1998年5月15日

尺寸：2.6厘米×2.6厘米×0.4厘米

估价：RMB 120,000

▲ 清 翡翠巾圈

尺寸：直径2厘米

拍卖时间：2005年6月13日

拍卖公司：天津文物

成交价：RMB 22,000

▲ 苹果绿翡翠手镯
尺寸：内径5.5厘米　厚0.8厘米
拍卖时间：1993年3月22日
估价：HK$ 300,000-350,000
拍卖公司：佳士得香港拍卖公司

▲ 翡翠手镯
年代：清
尺寸：直径7.1厘米　厚1厘米
拍卖时间：2001年6月27日
估价：RMB 16,000

▲ 翡翠手镯
年代：现代
尺寸：直径7厘米
拍卖时间：2005年1月23日
估价：RMB 10,000-20,000

▲ 翡翠手镯
拍卖时间：1999年11月1日
估价：HK$ 23,500-26,000

▲ 冰种翡翠挂牌

▲ 翡翠吊坠

尺寸：3厘米×1.82厘米×0.5厘米

拍卖时间：2004年4月25日

估价：RMB 220,000-260,000

▲ 翡翠手镯

年代：清　内径5.5厘米

拍卖时间：2004年6月28日

估价：RMB 300,000

拍卖公司：北京翰海

▲ 玻璃种翡翠手镯

▲ **翡翠观音吊坠**
拍卖时间：1997年4月30日
估价：HK$ 52,000-65,000

▲ **翡翠龙牌**
拍卖时间：2006年11月26日
估价：RMB 60,000-80,000　　成交价：RMB 66,000
拍卖公司：中鸿信

▲ **翡翠手镯**
尺寸：直径8.2厘米
拍卖时间：2005年5月28日
估价：RMB 18,000-20,000
成交价：RMB 19,800

▲ **翡翠手镯**
拍卖时间：2004年11月8日
尺寸：直径7.3
估价：无底价

▲ 翡翠螭虎纹牌饰

年代：清

尺寸：长7.5厘米

拍卖时间：2003年11月19日

成交价：RMB 12,300

拍卖公司：上海信仁

▲ 双"福"临门挂件

高翠雕件。佛手相联托起一只栩栩如生的蝙蝠，象征双福临门之喜。国家珠宝石质量监督检验中心鉴定出证。

尺寸：4.0厘米×2.7厘米×0.9厘米

拍卖时间：1996年1月28日

估价：RMB 80,000-120,000

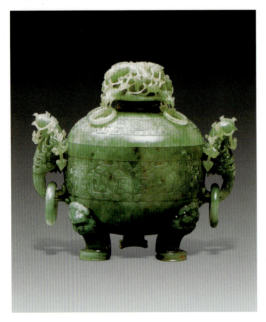

▲ 翡翠雕双凤耳二龙戏珠钮三足炉

年代：清乾隆

▲ 翡翠雕竹节花佩

年代：清

▲ 黑地雕松鹤延年翡翠挂饰
年代：清早期
尺寸：高17.8厘米
拍卖时间：2005年1月10日
成交价：RMB 1,980,000
拍卖公司：北京东正

▲ 翡翠雕荷鱼佩
年代：现代
尺寸：高4厘米
拍卖时间：1999年11月24日
估价：RMB 10,000-15,000

▲ 翡翠春带彩如意纹璧（一对）
拍卖时间：2006年11月26日
成交价：RMB 220,000 拍卖公司：中鸿信

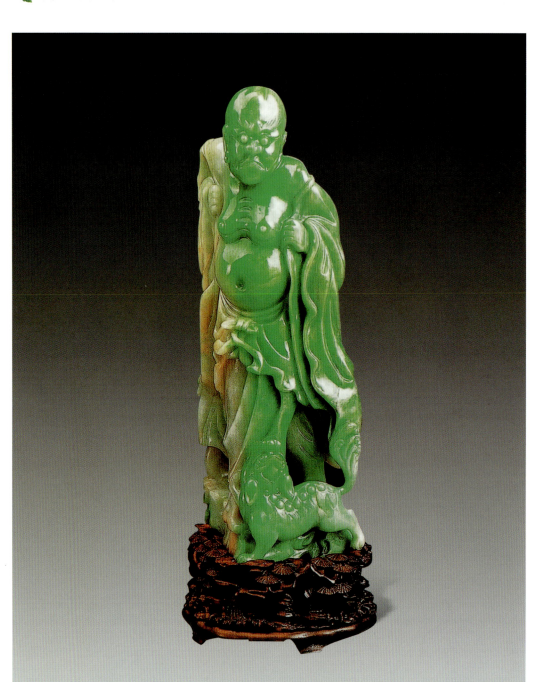

▲ 翡翠伏虎罗汉立像

年代：清代

尺寸：高20.5厘米

拍卖时间：2005年10月12日

成交价：RMB 242,000

拍卖公司：无锡文物

▲ 翡翠仕女立像（一对）

年代：19世纪

尺寸：高43.2厘米

拍卖时间：1989年11月16日

成交价：HK$ 17,050,000

拍卖公司：苏富比香港拍卖公司

▲ 翡翠雕送子观音项坠
年代：现代 尺寸：8厘米
拍卖时间：2003年8月28日 估价：RMB 450,000
成交价：RMB 495,000

▲ 翡翠净瓶观音
年代：清
尺寸：28厘米
拍卖时间：2007年12月17日
估价：RMB 2,500,000~3,000,000
成交价：RMB 2,800,000
拍卖公司：北京翰海

▲ 翡翠观音立像
拍卖时间：1989年11月15日
成交价：HK$ 5,280,000
拍卖公司：苏富比香港拍卖公司

▲ 神蟾戏珠翡翠摆件

拍卖时间：2007年8月17日　成交价：RMB 33,000,000
拍卖公司：北京九歌

▲ 翡翠雕佛手福禄寿

尺寸：长2.0厘米　高4.0厘米
拍卖时间：1996年1月28日
估价：RMB 13,000-18,000

▲ 翡翠观音立像

年代：清
尺寸：高17.00厘米
成交价：RMB 4,500,000

▲ 翡翠观音立像

年代：19世纪
尺寸：高62.5厘米
拍卖时间：1990年5月16日
成交价：HK$ 4,510,000
拍卖公司：苏富比香港拍卖公司

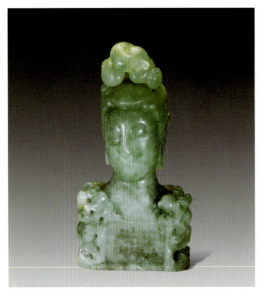

▲ 翡翠仕女半身像

年代：19世纪

尺寸：高40.5厘米

拍卖时间：1987年5月19日

成交价：HK$ 1,430,000

拍卖公司：苏富比香港拍卖公司

▲ 蛤蟆绿翡翠佛挂饰

▲ 翡翠观音

尺寸：3.1厘米×2厘米×0.7厘米

拍卖时间：2007年11月28日

估价：RMB 8,000,0000～12,000,000

成交价：RMB 10,099,925

拍卖公司：佳士得香港拍卖公司

▲ 翡翠骑马仕女像

年代：清

尺寸：高31.2厘米

拍卖时间：1989年5月18日

成交价：HK$ 3,850,000

拍卖公司：苏富比香港拍卖公司

第二章

翡翠的品质要素和评价

FEI CUI DE PIN ZHI YAO SU HE PING JIA

一、翡翠的颜色要素

翡翠的颜色常见的有黄色、红色、紫色和绿色等色彩，在翡翠交易中最关心的是绿色的翡翠，因为它对翡翠价值的影响也最大。通常情况下，优质翡翠的绿色要达到"正、浓、阳、匀"的要求。所谓"正"，指的是颜色的色彩，如翠绿、黄绿、墨绿、灰绿等；"浓"指的是颜色的饱和度，即颜色的深浅浓淡；"阳"指的是颜色要鲜艳明亮，受颜色的色调和浓度的控制；"匀"指的是均匀程度。所以颜色(绿色)的好坏取决于色彩、浓度和匀度三个要素。

1.绿色翡翠的色彩

翡翠的绿色真正有多少色调其实是很难计数的，几乎每一块翡翠的颜色都是不同的，传统上用各种术语来描述翡翠的绿色，这种方法不仅过于繁杂，而且也未能抓住翡翠绿色色调变化的主要原因。

实际上，翡翠的绿色受蓝色、黄色、褐色和灰黑四种色调的影响，其中褐色和灰黑产生的效果相同，可以看成一个因素。纯正的绿色，

添加这些色调之后，就产生出各种色调的绿。其中蓝色调可因硬玉的化学成分中含有较高的铬含量和铁含量而产生，也可因矿物组成中出现绿辉石而产生；黄色调可能来自次生的氧化物或者其他目前为止还没有了解的化学成分。褐色调和灰黑色调都是由次生氧化物造成的，根据这些因素综合分析，翡翠的绿色可以划分成下面几种类型：

翠绿色：指纯正的绿色到略微带蓝色调的绿色，包括传统上所讲的宝石绿、祖母绿、玻璃绿、艳绿等。

阳绿色：略带黄色调的绿色，这种绿色极为明快和悦目，包括传统上所讲的黄阳绿、鹦哥毛绿、葱心绿、金丝绿等。

豆青绿：是一种略微偏蓝色的绿，宛如豌豆的青绿色，绿色较浓，也是一种令人愉快的绿色。

瓜青绿：较深的蓝绿色，不仅含有蓝色调，同时也含有灰色调的绿色，行家常谓之偏蓝色，有如青绿色的丝瓜，因而用此名称。与豆青绿相比，灰色成分和蓝色成分都更为明显。

▲ 翡翠青椒镶钻石吊坠
拍卖时间：2000年10月30日
估价：HK$ 610,000-660,000

▲ 翡翠如意童子佩
翠质润透，品相厚重，雕琢精美。
尺寸：5.25厘米×2.37厘米×1.20厘米
拍卖时间：1997年12月7日
估价：RMB 75,000-85,000

暗绿色：是指带有较多灰褐成分的绿色到深墨绿色，就像菠菜叶的绿色和西瓜皮的深青绿色，与瓜青色的区别在于颜色深，发暗。

油青：是灰绿色、灰蓝绿色、灰褐绿色，与墨绿色的区别在于色调较浅和绿色不足。

2.翡翠颜色的浓度和色级

颜色的深浅是影响翡翠颜色质量的重要因素，而且有时颜色的深浅，还会导致色调改变，比如翠绿色如果特别的浓、特别的深，就会变成墨绿色，因为大多数入的光线都会被吸收了，反射出来的绿光也较少，含铬很高的硬玉就是这种情况的最好例证。

颜色浅，一般价值就低，不论是何种色调，即使是翠绿色，若颜色很浅与浅色的豆青绿就没有什么区别。实际上翡翠绿色很浅的情况，通常不当作"翠"，而是当作底色。只有在整个翡翠制品呈浅绿时，浅绿色才会被当作绿色来评价。此外有个别的色调只能在颜色很浅的情况下出现，所以，对翡翠颜色深浅的辨别可在色调分级的基础上加入浅绿和淡绿两个级别，不再将之作为独立的参数考虑。为此，翡翠的颜色从优到劣可以划分成8级。

3.翡翠的底色和均匀性

底色指翡翠绿色色斑以外的颜色，在行业上也叫作"底子"、"地张"等。识别底色是认识翡翠极为重要的一个方面，因为底色的色调、深浅都会对翡翠的主色调绿色产生很大影响。

翡翠常见的底色有无色、灰色、白色、浅绿色、浅黄色、淡紫色、褐灰色、灰绿色等各种色调。当底色的色调与绿色相似时，翡翠的绿色会得到加强，更为浓郁，表现绿色较好的底色是：白色、无色、淡黄色、浅绿色等。其他色调多半会降低翡翠颜色的浓艳程度。

底色对绿色影响的程度取决于：①底色的色调，底色调与体色越接近越好；②底色的浓度，通常说来，底色不宜太浓；③底色的比例，底色所占的比例越大，影响也越明显；④底色的透明度，透是由充填在翡翠颗粒间隙中的褐铁矿等氧化物所造成的。浅紫、浅绿等色调与明度越高，底色的影响相对减弱。

翡翠的底色可由多种原因造成，大多翡翠与所含的致色元素密切有关，蓝绿色调通常与

硬玉含有一定量的铁或者绿辉石成分有关。为了消除黄灰色底色对绿色的不利影响，传统上通常采用杨梅汤等弱酸来漂洗翡翠。近十多年

▲ 翡翠手镯
拍卖时间：1999年11月1日
估价：HK$ 12,300-15,500

▲ 翡翠手镯
年代：现代　直径7厘米
拍卖时间：2005年1月23日
估价：RMB 12,000-22,000

来，又有用强酸漂洗翡翠的作法。部分B货翡翠因为漂洗过于强烈，底色，特别是黄褐色的底色全部被除去，使翡翠的绿色更鲜艳。但是，B货翡翠没有黄褐底色的现象，也成为鉴定B货翡翠的一个重要因素。

底色对翡翠颜色的最大影响在于底色出露的多少，也就是说绿色的分布占多大的面积(从正面观察)或体积(整体观察)，即颜色的均匀度。均匀度可以严格地按绿色和底色的比例进行分级，绿色占90%～100%为极均匀，90%～80%为均匀，80%～70%为较均匀，70%～50%

▲ 紫罗兰翡翠手镯
尺寸：内径5.6厘米　宽1.1厘米
成交价：RMB 275,000
拍卖公司：中国·嘉德　拍卖时间：2004年5月17日

▲ 翡翠项链
尺寸：珠径1.12-1.584厘米　参考价：RMB 48,000元

▲ 紫罗兰色翡翠手镯
尺寸：宽1厘米　厚1厘米　内径5.4厘米
估价：RMB 280,000-320,000

为尚均匀，50%～30%为欠均匀，30%以下为不均匀。在实际应用中，还可考虑翡翠与底色之间的反差强弱。若底色和绿色融合较好，可以放宽以上的尺度。

二、翡翠的质地要素

　　"质地"与人们常说的"地子"或"地张"的概念比较接近。所谓"地子"，按传统的说法，是指翡翠中除了绿色以外的部分，而地子的好坏体现在色、石性和水头三个方面。石性是指棉、石花和纹理等，水头是指透明程度，色指的是淡色的色调，"地子"的概念非常宽泛。如果排除传统地子概念中关于颜色、石花等内容，就可以建立更为简单，更易于理解的概念和单一的品质要素——质地。质地可以理解为：翡翠的结构与透明度的组合。特定的透

▲ 翡翠白菜摆件
尺寸：高34厘米　宽16厘米
估价：RMB 6,000,000-8,000,000

明度与结构的组合，就是一种质地类型。不过，这种组合并非任意的，要受到翡翠形成规律的控制。为了更好地理解质地和质地类型，我们先来研究翡翠的结构和透明度。

1.结构因素

　　对翡翠的研究应该关注翡翠的结构，特别是关注矿物之间的相互关系，因为翡翠的结构中隐含着许多翡翠形成的地质过程和条件的信息，但若从翡翠质量的角度看，结构的重要性在于对"玉的性质"的影响。玉最重要的特性就是光泽、温润、细密。这些性质与结构关系密切。翡翠矿物组成之间的结合紧密程度及矿

▲ 翡翠钱塘观潮赏屏
尺寸：19厘米×16厘米
拍卖时间：2005年10月12日
拍卖公司：无锡文物
成交价：RMB 107,800

▶ 翡翠佛手大摆件
尺寸：60厘米×26厘米
拍卖时间：2005年5月18日
成交价：RMB 2,310,000
拍卖公司：中鸿信

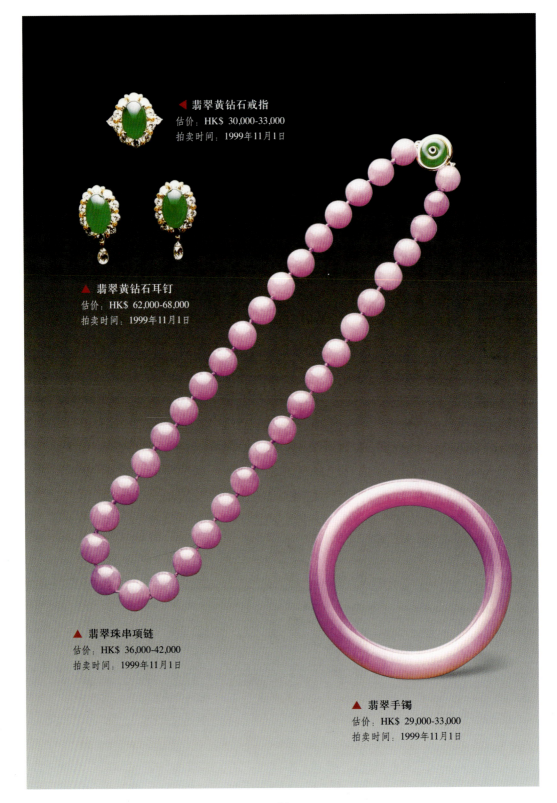

◀ 翡翠黄钻石戒指
估价：HK$ 30,000-33,000
拍卖时间：1999年11月1日

▲ 翡翠黄钻石耳钉
估价：HK$ 62,000-68,000
拍卖时间：1999年11月1日

▲ 翡翠珠串项链
估价：HK$ 36,000-42,000
拍卖时间：1999年11月1日

▲ 翡翠手镯
估价：HK$ 29,000-33,000
拍卖时间：1999年11月1日

物颗粒的大小尤其重要，若粒度小，颗粒之间的孔隙也小，结合就致密，透明度就好，翡翠的外观就会有光泽、温润。

用肉眼观察，可把翡翠的粒度划分成粗粒、中粒、细粒和微粒四种类型。矿物个体大于2毫米为粗粒，1～2毫米的为中粒，0.2～1毫米的为细粒，小于0.2毫米为微粒。中、粗粒者用肉眼很容易看见，并可根据所见到的颗粒估计大小，细粒者在肉眼下则不易看见，通常要借助于放大镜，微粒者肉眼看不出颗粒现象，

▲ 翡翠三足兽环带盖香炉

尺寸：高25.4厘米　拍卖公司：苏富比香港拍卖公司

用放大镜也很难看出。

具体的一块翡翠，其组成矿物的大小(粒度)可能会有很大的变化，有些矿物个体的粒度很大，有些则很小。因此，翡翠的粒度应根据组成矿物的平均大小，或优势的粒度大小来判定。对于以细粒为主，存在少量但明显的大颗粒的情况，通常将大颗粒的矿物称为斑晶，细粒的称为基质，同时这种现象也被称作斑晶结构。

若组成翡翠的矿物粒度大，而且非常明显，传统上称这种现象为"豆"，颗粒较大的称为粗豆，对可见到颗粒，透明度稍差的称为"粗豆种"，"水豆"则用来形容粒度大而透明度较好的翡翠。总之，"豆"表示较为粗大的粒度，并非高档翡翠的属性。

2.透明度

透明度是指物体穿透可见光的能力。翡翠的透明度变化很大，从近似玻璃般的透明到不透明，透明度的不同对翡翠的外观影响很大。透明度较好的翡翠，具有温润柔和的美感；透明度不佳的翡翠，则显得呆板死气，可以说，透明度是质地的主体。

人们通常将翡翠的透明度称为"水头"，用水长、水短来描述翡翠的透明程度。行业内常用挡光片或聚光手电来观察光线深入翡翠内部的程度，并根据光线在翡翠中渗透所及范围的大小来衡量，假如光线渗入达9毫米，则称

▲ 翡翠福禄寿三星

拍卖时间：2001年7月2日　估价：RMB 120,000-180,000　拍卖公司：北京瀚海

为3分水(1分等于3毫米),达3毫米称1分水等,并依此将透明度划分成透明、亚透明、半透明、微透明和不透明等5个级别。

在评价翡翠的透明度时,特别是估计透明度对颜色的可能影响时,还应注意所谓的"照映"作用。照映是指翡翠局部的颜色因光线的传播而扩散到色斑范围外的作用。透明宝石一般是利用抛光的刻面来达到使色斑的局部颜色扩展到整个宝石的目的。翡翠则要依靠光线的漫反射作用来达此目的。翡翠照映作用最为有利的是半透明的质地。在半透明的翡翠中,通过色斑的光线经色斑的选择性吸收之后就会变成绿光,不直接射出翡翠,而是被翡翠的颗粒反射,而把颜色带到无色或浅色的区域,使翡翠的色斑扩大。假如翡

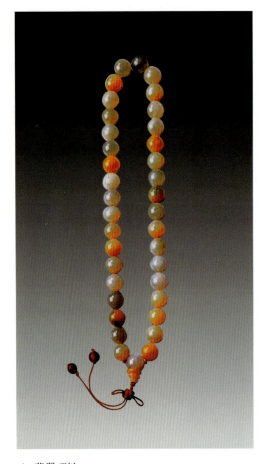

▲ **翡翠项链**
尺寸:珠径1.15-1.45厘米 参考价:RMB 8,800元

翠不透明,则不会产生照映,翡翠太过透明也不利于照映。理解照映作用,对评价翡翠原料的质地好坏意义重大。

3.质地的品质类型和划分

传统的翡翠地子类型是前人实践经验的结晶,若从质地的意义出发,考虑传统的地子类型,就可以在这一前人成果的基础上,建立符合翡翠客观规律的质地类型,达到对翡翠进行品质分级的目的。据此,翡翠质地可以从优到差再到划分成玻璃地、冰地、化地、冬瓜地、水粉地、水豆地、粉地、豆地、瓷地和石地。在影响质地的结构和透明度这两项因素中,透明度最为重要,结构特征(主要是粒度大小)是辅助因素,对质地好坏应首先通过透明度来认识,尤其是透明度好的翡翠,它的粒度大小常常只能用特殊的方法才能识别,因此说,透明度越好,颗粒越细,质地越好。

三、翡翠的水

在传统的翡翠界里,水又被叫作"地张"或"地"。在颜色(色)、质地(种)、透明度(水)、地张(底)、工艺水平(工)和重量大小等用以评定翡翠质量的指标中,最让人感到模糊但又无法回避的概念就是"水"了,因为论玉必论水,谈翡翠也常常谈到水。

什么是"水"呢?主要是指翡翠本来颜色的载体。对于翡翠"水"的认识,我们要注意两点:其一,对翡翠价值的评价应以对翠(绿色)的评价为重点;其二,对翡翠水的认识,应该充分考虑由来已久的商业习惯及民间俗语。对于翡翠而言,水是除绿色外的浅绿色基底部分的特征,是翡翠质地(种)、透明度(水)、光泽、净度和浅色基调的综合体现。

水即是人眼对翡翠饰品外表和内部的一个直观感觉,也是一项综合评定翡翠质量的指标,但更多的是一项观赏性的、审美性的综合指标,因此对水优劣的评价具有不可定量性。无论翡翠有无色、有无翠,底都是客观存在的,即这个"载体"是客观存在的。但当没有翠、色块、色纹、色斑时,在质量评价中,可以忽略水对翡翠饰品美观效果的影响。

评价一件翡翠成品或半成品水的优劣,主

▲ **翡翠卧婴枕（一对）**
年代：18世纪　尺寸：高22.2厘米，长29.2厘米
拍卖时间：1986年11月18日　成交价：HK$ 3,300,000　拍卖公司：苏富比香港拍卖公司

▲ **翡翠手镯**
年代：清　尺寸：直径6.9厘米
拍卖时间：2002年12月7日
成交价：RMB 22,000　拍卖公司：中贸圣佳

要从以下这几个方面予以注意：

　　一是翠与种、水之间相互映衬的效果，以及玉件外表的光泽特征。

　　二是翠与翠以外部分，即与整个基底的协调程度。

　　三是翡翠的净度。翡翠玉件的裂绺、白棉、

▲ **质地和雕工上乘的紫罗兰玉雕像**

黑斑、灰丝、冰渣等瑕疵越少，则水可能越好。

水的种类主要有：

玻璃地：完全透明，玻璃光泽，内部没有杂质，结构质地细腻，韧性强。颜色分布均匀，无棉柳或石花状的色块。无论有无色，只要具备以上特征的翡翠就属于玻璃地的地子。

冰地：透明像冰，不像玻璃般透亮。但也具有玻璃光泽，间或有少量裂纹或杂质。颜色分布差于前者，因此这种地子的质量要比玻璃地稍差。

蛋清地：质地如鸡蛋清。透明度稍差，有混浊的感觉。也具有玻璃光泽。

鼻涕地：因质地如清鼻涕样而得名，比蛋清地更混浊。也属于玻璃光泽。

以上几种地子算是翡翠中比较好的。

清水地：透明度还行，但因带有青绿色，使得质地有些污浊，因而影响了透明度。但该地子还是较为透明。

灰水地：半透明。常带有灰色。

紫水地：半透明的紫罗兰色。

浑水地：质地像浑水一样，其实就是透明度差的冰地。

细白地：此种地子属半透明。质地细腻。白色。若光泽好，这种地子的翡翠还算不错的。

白沙地：和细白地类似。只是质地要比前者更粗。

灰沙地：结构比较粗。属于半透明。颜色泛灰。

豆青地：犹如青豆的颜色。半透明。

紫花地：质地半透明。带有紫色且分布不均匀。

青花地：半透明至微透明。有青色石花。质地不均匀。故这种地子的翡翠只能用于雕件，一般不会用来做首饰。

白花地：半透明到微透明。质地粗糙。有石花和石脑。

瓷地：即地子像瓷器一样呈白色。半透明至微透明。

以上这几种地子的翡翠较差，市面上比较多见，购买时应留心。

干白地：完全不透明，发干，呈白色。

糙白地：不透明，质地粗糙，呈白色。

糙灰地：和糙灰地类似，但颜色发灰。

狗屎地：质地最差。不透明。呈深褐色或黑褐色。

四、翡翠的种

"种"又叫"种分"，是评价翡翠优劣的一种商业术语。"种"即品种的简称，是以质地、

▲ 翡翠观音

尺寸：高6.956厘米　宽3.17厘米　厚1.2厘米
估价：RMB 550,000-600,000

▲ 清代耳片

▲ 1925年 翡翠钻石珊瑚米珠手链
拍卖时间：2000年10月30日
估价：HK$ 20,000～22,000

▲ 1925年 翡翠珊瑚钻石襟针
拍卖时间：2000年10月30日
估价：HK$ 4,000～6,000

◀翡翠钻石戒指（右）
拍卖时间：1997年4月30日
估价：HK$ 3,900～5,200

◀翡翠钻石项链（中）
拍卖时间：1997年4月30日
估价：HK$ 7,200～7,800

◀翡翠钻石带坠项链（中）
拍卖时间：1997年4月30日
估价：HK$ 3,900～5,200

◀翡翠钻石吊环（一对）
拍卖时间：1997年4月30日
估价：HK$ 2,000～2,600

◀ 18K白金镶钻石翡翠蛋面吊坠
翡翠蛋尺寸面由10.5×7.5毫米
拍卖时间：2003年3月8日
成交价：HK$ 18,000～25,000

▶ 18K白金镶钻石翡翠钥匙吊坠
翡翠蛋尺寸面由7.5×6至9×5毫米
拍卖时间：2003年3月8日
成交价：HK$ 6,000～8,000

▲18K白金镶钻石冰种翡翠怀古项链吊环一套
拍卖时间：2003年3月8日
成交价：HK$ 55,000～80,000

◀ 18K白金镶钻石翠玉怀古戒指
及18K白金镶钻石翡翠心形吊坠
翠玉怀直径8.5毫米
拍卖时间：2003年3月8日
成交价：HK$ 1,500～2,500

▶ 18K白金镶钻石翡翠蛋面吊坠
翡翠蛋面尺寸由7×6至8×7毫米
拍卖时间：2003年3月8日
成交价：HK$ 16,000～20,000

▲ 翡翠蛋面钻石指
拍卖时间：1998年4月29日
成交价：HK$ 19,500～24,000

▲ 翡翠"算盘子"项链
拍卖时间：1998年4月29日
成交价：HK$ 30,500～35,000

▲ 翡翠钻石花卉别针
拍卖时间：1998年4月29日
成交价：HK$ 36,000～42,000

▲ 翡翠蛋面钻石戒指及配衬耳环
拍卖时间：1998年4月29日
成交价：HK$ 43,000～48,000

▲ 翡翠珠链配钻石珠扣
拍卖时间：1998年4月29日
成交价：HK$ 59,000～72,000

▲翡翠镶钻石手镯戒指套件

以两钻石链将高翠戒指和镶翡翠、钻石的18K金手镯相连构成主体，再配以一对钻戒衬托，更显华贵。主戒上镶一椭圆蛋面翡翠，冰种，萍果绿，重16.5克拉，周围镶配42颗梯型小钻，重3.57克拉。国家珠宝玉石质量监督检验中心鉴定出证
拍卖时间：1996年1月28日
估价：RMB 450,000-500,000

▲ **翡翠项链**

透明度以主，并参考绿色，作为划分翡翠品种的标准。通常把质地和透明度相似的一类翡翠原料归为"老种"、"新种"、"老新种"三大类，在每一类中又各有典型的品种。"种"的划分，是翡翠质量评估的过程，也是对翡翠作出的价值评估。

人们通常将翡翠中优质的一类归为"老种"，把较差的一类归为"新种"，把介于两者之间的称作"老新种"。

老种：通常是指结构致密、绿色纯正、分布均匀、质地细腻、透明度好、硬度大的一类翡翠。老种翡翠一般又分为三种：玻璃地、冰地、藕粉地（糯花地）。

新种：指玉质疏松，透明度差，晶体颗粒较粗，肉眼能见翠性的翡翠，有：豆地、瓷白地、灰地、黑地。

老新种：介于上述二者之间，有：豆地、瓷白地、灰地、黑地。

需要指出的是："种"的"老"、"旧"和"新"，并不能说明翡翠料形成时间的早晚或开采时间的早晚。

懂得欣赏翡翠的人，十分重视"种"好的翡翠。还有人将"种"看得比颜色还重要，所

▼ **冰种翡翠珠链手镯**
拍卖时间：1998年4月29日
估价：HK$ 330,000-400,000

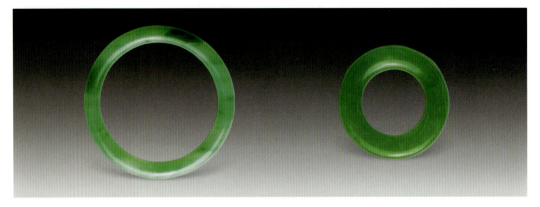

▲ **翡翠镯**
年代：清　尺寸：直径5.5厘米
估价：RMB 30,000-50,000　拍卖时间：1997年12月20日

▲ **翡翠环**
尺寸：直径2.8厘米
估价：RMB 25,000-40,000　拍卖时间：1997年12月20日

以有"外行看色，内行看种"的说法。行内还有句话叫"种好遮三丑"，意即"种好"的翡翠，可使颜色浅的翠色显得晶莹漂亮，可使绿色不均的翡翠显得色泽均匀，可使质地不够细的翡翠显得质地细腻。因而有经验的行家都极为注重翡翠"种"的优劣。翡翠原料，特别是做手镯的原料，不怕没有色，就怕没有"种"。

人们在几百年的实践中，对一些较常出现或比较珍稀的翡翠品种进行概括，提出了一系列种的形象和名称。它们是我国玉文化的一部分。这些"种"名在评价翡翠时很重要。例如，1986年，北京玉器厂为国家制作的四件国家级大型翡翠雕件，就是国库中所存的一种名为"三十二万种"的翡翠加工而成，"三十二万种"的命名是根据它第一次售出时的售值三十二万，因其巨大和复杂，故不能用已知的种定名。

此外，历史上还有一些名玉是以人名或地名来命名的。如"绮罗玉"、"正坤玉"、"段家玉"等。

"绮罗玉"：清代嘉庆年间，绮罗人尹文达在马厩中发现了一块大翡翠仔料。这是其祖父从缅甸带回来的，他祖父在解开一个小角之后，看见地子上净是碎米大小的黑点，便认为没有用处，扔在马厩里。尹文达觉得这块翡翠料虽有较多黑点，不能用来作首饰，但绿色很浓，连地子也是绿的，便将之解开，做成一盏宫灯，挂在绮罗水映寺中。整个庙都映绿了。尹文达本想献给皇上，但云南巡抚认为不是一对，便

留在云南，并赏尹文达一个"千总"的官职。这块翡翠的碎料，后来被做成耳坠，在市场上卖得很好，人称"绮罗玉"，是一种高绿但上面有黑色虎皮斑的翡翠。

"正坤玉"：民国年间，云南莲山县老华侨王正坤，挖到一块大翡翠仔料，解开成八片，看见是种水色俱佳的绿色，但绿色不够艳，不能做成戒面石，于是王正坤用其中的一片，制作了许多副手镯，在缅甸卖了很高的价钱。剩下的七片，运到上海。这就是旧时民间所说的"正坤玉"。俗称"铁化水起绿丝"。

▲ **翡翠手镯**
年代：清
尺寸：直径8厘米　拍卖时间：2003年9月2日
成交价：RMB 77,000　拍卖公司：中鸿信

"段家玉"：古时，绮罗人段盛才买回一块被行家们称为"水沫子"的大翡翠仔料。段盛才解开后，见翡翠的颜色和水头极好，便做成许多手镯出售。手镯的特点是玻璃地中飘荡的蓝花，绿色像水草一样在清澈的河流中飘荡，在市场上卖价很好，并且以玻璃地中飘荡的蓝花多少来定价。此后，该翡翠品种便被人们称为"段家玉"。

五、翡翠的净度要素

净度特征是指能够影响宝石外观的各种现象，对翡翠而言，有石花、黑点、翠性闪光(解理裂隙)、杂色的色带(斑)、石纹和裂纹等。"净度"是宝石学中对宝石品质进行评价的重要概念。传统上，也把净度特征称为瑕疵，因为绝大多数的净度特征均会对宝石的美观产生负面影响。

1.翡翠净度特征的类型和识别

(1)翠性闪光

翠性闪光是由翡翠组成矿物的解理面造成的，对翡翠外观一般不构成影响，有时还可能带来正面的影响。

(2)杂色的色斑或色带

杂色的色斑或色带是指除绿色以外的色斑或色带，有时也称作脏色，比如黄褐色、黑灰色等。但是不能把底色作为脏色对待，也不能把俏色以及多色的组合当作杂色。

▲ 翡翠白菜摆件

▲ 墨翠雕龙纹佩

尺寸：高5.2厘米　长3.5厘米　厚1.25厘米
拍卖时间：2000年11月6日　成交价：RMB 55,000
拍卖公司：中国 嘉德

(3)石花

石花是翡翠中团块状的白色絮状物，它可能不是硬玉，而是其他的矿物组成，也可能是愈合裂隙。

石花在透明度较好的翡翠中较易见到，根据形状和特征分为石脑、棉花和芦花三种类型：

芦花：是轻微的石花，细小地分布在翡翠中，不特别明显。

棉花：较为明显的白色絮状物，成团块状分布。

石脑：明显的白色或灰白色絮状物，有点像硬块，是最为严重的石花类型。

(4)黑点、黑丝和黑块

①黑点。黑点在强光透射下往往呈绿色，反射光下通常呈黑色。黑点往往是孤立地零星分布。

②黑丝和黑带。翡翠中的黑丝、黑带是由碱性角闪石或绿辉石造成的。碱性角闪石的作用要根据不同的情况对待，若绿色为主体的翡翠中含有黑色的角闪石，则会对翡翠的外观产生不利的影响，应作为净度特征对待。但是，

若在无色或白色为主体的翡翠制品中含有这些暗色的矿物,对翡翠的外观则不会带来负面的影响,反而会提高翡翠制品的价值,这时这些暗色的条带应作为颜色要素来看待。

(5)石纹

行家也称为"水迹",认为对翡翠制品的耐久性不产生影响,但对外观可产生一定的影响。石纹有大有小,有疏有密,有明显和不明显之分。最细小的石纹是一般呈白色,数量多时会对透明度产生影响。大的石纹有时会形成平行波浪线,对外观的影响非常明显。

(6)裂纹

与石纹相比,裂纹对翡翠品质的影响要大得多,只要翡翠具有在正常照明下肉眼可见到的裂纹,其价值就会大打折扣。裂纹与石纹的区别是:石纹在透射光下很难看出,光线仍能穿透过去,只是透明光量有所减少,而且从反射光下观察表面上见不到痕迹。而裂纹则相反,透射光会被裂痕阻挡难以穿透,反射光下能在表面上看到裂痕。在抛光面上指甲刮摸受阻感很强。

2.翡翠净度特征的评价

翡翠外观是否存在缺陷,取决于肉眼能否识别,依据这一原理可以制定出对翡翠净度特

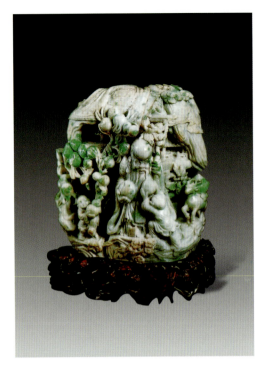

▲ 翡翠寿星仙子
年代:民国 尺寸:17厘米×18厘米
拍卖时间:2004年11月14日 成交价:RMB 44,000
拍卖公司:上海国拍

征的技术评价方法:正常照明条件下在可视距离内,用肉眼进行细致观察,并在垂直或者斜向照明的方式下判断其可见性。净度特征的严重程度依据可见程度可以划分成五个级别:

(1)极小的净度特征

这种级别的净度特征在肉眼下很难看见,它对外观造成的影响极为轻微,可以忽略不计。

(2)微小的净度特征

这一级别的净度特征尽管在肉眼下可以识别,但是非常困难,往往需要提高光照强度,例如靠近光源,才能察觉,这一级别的净度特征对外观的影响不大,但对翡翠的完善性会有所影响。

(3)较小的净度特征

这一级别的净度特征虽然很小,而且数量也不多,仔细观察时可以看到,对翡翠的外观能产生一定的影响。

(4)较大的净度特征

这一级别的净度特征通常一眼即可察觉,

▲ 翡翠蛋形方形胸针
拍卖时间:1987年11月25日 成交价:HK$ 748,000
拍卖公司:苏富比香港拍卖公司

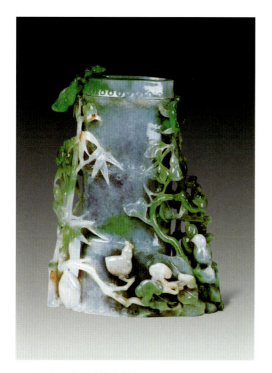

▲ 紫罗兰翡翠雕竹纹花插

对翡翠外观的影响非常明显。

(5)极大的净度特征

这一级别的净度特征对翡翠的价值的影响是巨大的。

3.翡翠的净度级别

翡翠净度级别的划分要比透明宝石更为困难，其首要原因是不同的翡翠制品对外观完善程度的要求各有不同，例如素面的首饰(戒面、玉器、手镯等)对材料的要求较为严格，稍有瑕疵轻易就能看出来，而雕件上的瑕疵，如杂色，就很难判定其是否为瑕疵，因为杂色有时会被当作巧色加以利用。第二个原因是习惯上认为裂纹对翡翠价值的影响要远大于其他的瑕疵，尤其是有裂纹的手镯更是没有人问津。第三个原因是同样的瑕疵在不同类型的制品上明显程度有很大差别，比如花件上的小瑕疵较易被表面上起伏的花纹所掩盖。

为了解决上述问题，在对翡翠的净度进行分级前应先注意以下几个方面：

①净度特征分成裂纹和其他瑕疵两个类型，明确它们对净度级别的影响。

▲ 翡翠雕大圣山子摆件
尺寸：高8.1厘米
拍卖时间：2001年7月2日
估价：RMB 40,0000-50,0000
拍卖公司：北京瀚海

▲ 翡翠手镯（一对）
年代：清
尺寸：直径7.5厘米
拍卖时间：1998年11月22日
估价：RMB 50,000-60,000

②对素面和花件制品采用统一的净度级别标准，避免复杂化。

③在设定品质系数时把素面和花件制品区别对待，通常情况下同一程度级别的花件制品的品质系数应低于素面制品。

翡翠的净度级别可分成以下几种：

极完美：玉件透明，肉眼（包括用透射光）难以看出净度特征，或者说根本不存在微小花级以下的任何净度特征。

完美：玉件透明至半透明，仔细观察也很难看出净度特征，有时虽然有少量的微小花级的净度特征，但不存在裂纹。

较完美：透明度不限，认真观察可见净度特征，即具有肉眼能看到的净度特征，包括小裂纹。

一般：透明度不限，净度特征容易看见。

差：透明度不限，净度特征极为明显。

六、翡翠品质的重量(大小)要素

在宝石的品质评价中，重量(或大小)是一个极其重要的因素，因为重量并非仅仅是宝石计价的依据，而且也是宝石稀有性的重要体现。对翡翠而言，重量(或大小)同样具有稀有性的

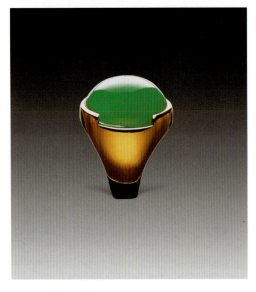

▲ 翡翠男装戒指
拍卖时间：1999年11月2日
估价：HK$ 260,000-285,000

含义，但是翡翠成品的计价通常不是以重量为单位，而是以"件数"为单位，这样就导致对翡翠"重量(或大小)"本质含义的曲解，让人感觉好像失去了对稀有性衡量的价值。

实际上，在翡翠的商业行为中，重量的稀有性程度同样是存在的，并且包含在"件"的量度之中。因为，所谓的"件"是某种种类的翡翠制品的一个表示单位而已，而件的基本定价是与制品的种类有关，例如素身制品系列中，手镯的价值通常是最高的，其次是蛋面等素身制品，再次是花牌，在这其中其实体现了对材料大小或重量获取的难易程度。手镯所需的材料用量最大，要求也最高，也最难找到(稀有性最大)，其次是戒面，戒面的体积虽小，但要求非常严格，玉扣等对材料要求虽然要宽一些，但仍不能用有瑕疵的材料，有瑕疵的材料只能用作雕花制品。所以每件的基本定价中包含有材料大小的稀有性程度。

当然，这并非意味着同种制品，在玉质相同的情况下，一定是越重越好，因为还要受到制品可用性的制约，例如蛋面不必过大，超过范围不会增加售价，反而只能是白费材料，这是和钻石的不同之处。另一方面，如果翡翠制品不能达到正常的尺寸，说明材料不足，同样会影响到它的价值。

对翡翠成品大小的级别可按其与正常尺寸的百分比来划定，如大于正常尺寸20%以上为大，小于20%为偏小，小于40%以上为过小。

翡翠成品交易的习惯也会影响到翡翠原料的计价方式，翡翠原料的价格从形式上看似乎是依据重量计价，实际上还是取决于该材料能做什么(玉件)能做多少(件)。

正是因为上述的原因，传统上并没有把重量(大小)要素与颜色、质地和净度等要素一样当作翡翠品质的本质性因素，而仅仅把它看成外延性的品质因素。

七、翡翠的评价依据

翡翠的评价主要依据颜色，结合质地和透明度来综合评判：优质翡翠的标准可总结为五个字：

浓——指深，颜色集中，颜色不淡；

阳——指艳丽、明快、透亮、光泽强；

▲ 翡翠钻石蝴蝶胸针
拍卖时间：1999年11月1日
估价：HK$ 7,200-8,500

▲ 翡翠手镯
尺寸：直径7.5厘米
拍卖时间：2004年5月15日
估价：RMB 10,000-15,000

俏——指鲜，鲜嫩；

正——指纯正，不偏色，无邪色和杂质；

匀——指满，均匀而无深浅之分。

优质翡翠浓、阳、正、匀、俏，即纯、艳、深、满、鲜。劣质翡翠则主要是邪、阴、老、淡、花。

评判优质翡翠可以根据以下四个特点：

第一，翠的颜色像雨后的冬青树叶或芭蕉叶那样碧绿青翠；

第二，地子吃绿，绿也吃地子，均匀、鲜艳、透明；

第三，水头足，嫩滑、碧亮、晶莹、清澈、透明；

第四，完美，无杂质、绺裂和杂斑。

根据颜色和质地可将翡翠的质量分为三个等级。

特级：艳绿色(祖母绿色)、苹果绿色，玻璃地(半透明、质地细腻)，均匀鲜艳，无杂质和裂纹。

商品级：绿色、油青地，微透明、间杂半透明的祖母绿色细脉和斑点翠。

普通级：藕粉地、豆绿色、淡绿色、白色细腻的微透明到不透明翡翠，通常被作为玉料首饰。

▲ 翡翠灵芝坠
年代：清 尺寸：长5厘米
拍卖时间：1996年6月1日
估价：RMB 80,000-120,000

八、翡翠的民间评价标准

民间评价翡翠的标准可总结为七个字，即：色、透、匀、形、敲、照、价。

色：目前最受人喜爱的颜色是鲜绿色，即娇绿色，上等品的颜色虽然是深绿色(祖母绿色)，但在市场上，人们更加偏爱娇绿色，因而价格较高。

透：即透明度，市场上常将透明的翡翠叫作玻璃种，半透明的叫作冰种，不透明的叫作芙蓉种、瓷地等。

匀：指的是颜色的分布，颜色分布的均匀

▲ **翡翠手镯**
拍卖时间：1990年5月16日　成交价：HK$ 4,290,000
拍卖公司：苏富比香港拍卖公司

▲ **翡翠锁形佩**
年代：清　拍卖时间：2000年11月7日
成交价：RMB 30,800　拍卖公司：荣宝斋拍卖

▲ **翡翠送子观音立像**
年代：清
尺寸：高27.1厘米
拍卖时间：1986年11月18日
成交价：HK$ 1,760,000
拍卖公司：苏富比香港拍卖公司

度关系着价格的高低。

形：翡翠的计价并非以克拉来衡量，而是以大小计，越大越厚的翡翠，价格自然越高。此外，纹饰、加工的精细程度也影响价格的高低。

敲：在玉镯的评价上是起决定作用的。

照：在亮光处，可将翡翠的裂隙、瑕疵、色纹看得清清楚楚，翡翠的完美程度即靠照来判定。

价：翡翠是一分钱一分货，好货价钱自然高，劣货价钱自然也就便宜。如果看上去很好的货，价低则肯定有问题。

在民间人们根据绿色的多少来分级，通常又可分为如下几类：

深色老坑翡翠，也就是祖母绿色的翡翠，常被称为皇家玉，深受清朝皇家的喜爱。

老坑种翡翠，颜色较鲜艳，透明度高，价

▶ **翡翠手镯**（一对）
翠色分布均匀，色泽明丽，清爽
宜人。
附："北京，德珠宝鉴定研究所"
鉴定证书。
尺寸：内径54毫米
　　　厚11毫米×8毫米
拍卖时间：1999年5月30日
估价：RMB 150,000～200,000

▶ **清 翡翠手镯**（一对）
尺寸：直径7.5厘米
拍卖时间：1998年11月22日
估价：RMB 50,000～60,000

▶ **翡翠手镯**（一对）
国家珠宝玉石质量监督检验中心
鉴定出证。
尺寸：直径75毫米　厚10.5毫米
拍卖时间：1996年1月28日
估价：RMB 80,000～100,000

▲ 清 翡翠镯

尺寸：直径7.8厘米

拍卖时间：1999年1月17日

估价：RMB 6,000～8,000

▲ 翡翠手镯

尺寸：直径8厘米

拍卖时间：2004年5月15日

估价：RMB 40,000～60,000

成交价：RMB 55,000

▲ 翡翠手镯

尺寸：7.5厘米

拍卖时间：2004年5月15日

估价：RMB 10,000～15,000

▲ 翡翠手镯

尺寸：内径5.5厘米　厚8毫米

拍卖时间：1993年3月22日

估价：HK$ 280,000～320,000

▲ 翠玉联体盖瓶
尺寸：高21.6厘米

▲ 翡翠提梁卣
年代：清 尺寸：高27厘米
拍卖时间：1986年11月18日
成交价：HK$ 935,000
拍卖公司：苏富比香港拍卖公司

格十分昂贵。

金丝种翡翠，由于颜色极像金丝状而得名，透明度好。

新坑翡翠，呈鲜绿色，半透明，常给人嫩色的感觉，如色均匀，价格也很高。

油青翡翠，半透明，看起来感觉有油状，颜色深浅不匀。

豆青翡翠，不透明。整件翡翠呈绿色，但颜色深浅不匀，有些就一个颜色，乍看起来很不自然，好似油漆刷出来的一样。

花青翡翠，不透明，颜色为白地带绿，被民间俗称白地青，比白地白得漂亮，有时这种翡翠也受人喜爱。

老色翡翠，也叫"马雅玉"，不透明，颜色深中带黑，看起来似乎年代很久一样。

皮蛋青翡翠：颜色由灰、黄、绿三种组成，由于外观很像皮蛋而得名。这种翡翠透明度较好，但颜色较次，所以价值偏低。有些品种做成手镯，也很受青睐。

白色翡翠：不透明，全白色。

此外，还有几种翡翠颜色，也较受人欢迎。

无色透明翡翠，民间称之为有种无色。透明似玻璃一般，近几年价格很贵。

红色翡翠，民间叫作"血玉"，大多为不透明的红色，也有极品红似血色，玻璃透明，极为漂亮。

紫色翡翠，一般不透明，呈紫色，此种翡翠现在不多见。

黄色翡翠：罕见，透明度好，黄色纯正的，价格不菲。

黑色翡翠：也就是墨翠，近几年在我国台湾地区广受欢迎。

多色翡翠：就是有多种颜色的翡翠。常见三色，俗称"福、禄、寿"。

▲ 翡翠珠链
拍卖时间：1992年10月28日
成交价：HK$ 4,400,000
拍卖公司：苏富比香港拍卖公司

▲ 金黄色翡翠龙钩
尺寸：12.6厘米　估价：HK$ 28000-30000
拍卖公司：佳士得香港拍卖公司

▲ 紫翡翠雕百寿图鼻烟壶
年代：清晚期（1800-1880）
尺寸：高6.2厘米　拍卖时间：1997年4月28日
估价：HK$ 20,000-26,000　成交价：HK$ 29,900

▲ 翡翠项链
尺寸：珠径1.3-1.4厘米　37粒　紫罗兰色
参考价：RMB 25,000

▲ 紫罗兰翡翠钻石吊环（一对）
估价：HK$ 7,700-10,000
拍卖时间：2002年10月28日

▲ 翡翠饕餮纹兽足双耳瑞狮纽盖方鼎
年代：清晚期
尺寸：高14.8厘米
拍卖日期：2000年5月2日
估价：HK$ 3,000,000-4,000,000
成交价：HK$ 5,324,750
拍卖公司：苏富比香港拍卖公司

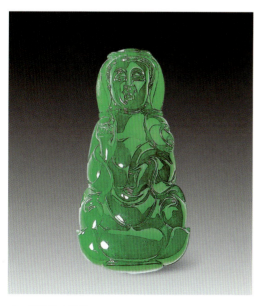

▲ 翡翠观音挂件
尺寸：高4.8厘米　宽2.3厘米　厚0.8厘米
拍卖时间：2005年5月15日　估价：RMB 550000
拍卖公司：中国　嘉德

▲ 翡翠紫罗兰套装
尺寸：珠链直径1.15-1.25厘米
　　　手镯内径6厘米　扳指内径1.6厘米
市场参考价：RMB 2,800,000

▲ 翡翠钻石箍带
拍卖时间：2002年10月28日
估价：HK$ 200,000-230,000

▲ 玻璃种满色翠料

▲ 翡翠手镯（一对）
冰种翡翠，温润细腻。
拍卖时间：1999年12月6日
尺寸：直径8.5厘米　估价：RMB 12,000-18,000

▲ **翡翠观音佩**

尺寸：高6.5厘米　宽6厘米

拍卖时间：2005年10月12日　成交价：RMB 110,000

拍卖公司：无锡文物

▲ **翡翠雕龙纹佩**

年代：清　尺寸：高4.6厘米　宽3.5厘米

拍卖时间：2005年8月14日　成交价：RMB 52,800

拍卖公司：中拍国际

▲ **翡翠雕松竹梅佩**

尺寸：高6.5厘米

拍卖时间：2003年12月28日　成交价：RMB 605,000

拍卖公司：深圳艺拍

▲ **翡翠镶钻翠豆挂件**

尺寸：3.8厘米×1.6厘米×0.7厘米

拍卖时间：2007年11月17日

估价：RMB 2,800,000-3,500,000

成交价：RMB 3,300,000　拍卖公司：诚铭国际

▲ **翡翠手镯**
尺寸：内径5.7厘米　厚2厘米
年代：清
拍卖时间：1997年6月3日　估价：无底价

▲ **翡翠耳圈（一对）**
年代：清
尺寸：2.6厘米　拍卖时间：2003年8月28日
估价：RMB 40,000

▲ **翡翠透雕螭龙福寿佩**
年代：清　尺寸：长5.6厘米
拍卖时间：2004年6月28日
成交价：RMB 35,200
拍卖公司：北京瀚海

▲ **翡翠镯**
尺寸：直径7.6厘米
拍卖时间：1996年11月12日
估价：RMB 150,000-200,000

▲ 翡翠手镯（一对）
拍卖时间：1986年5月20日
成交价：HK$ 726，000
拍卖公司：苏富比香港拍卖公司

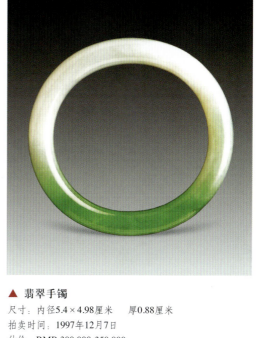

▲ 翡翠手镯
尺寸：内径5.4×4.98厘米　厚0.88厘米
拍卖时间：1997年12月7日
估价：RMB 300,000-350,000

▲ 翡翠花鸟佩
年代：清
尺寸：长5.9厘米　宽4.01厘米　厚0.9厘米
估价：RMB 140,000～180,000

▲ 翡翠雕花挂件

▲ 翡翠雕花鸟纹花插（一对）

年代：清　拍卖时间：2001年12月15日

估价：RMB 110,000-120,000

成交价：RMB 132,000

拍卖公司：上海敬华

▲ 翡翠盖瓶（一对）

年代：清晚期　尺寸：高36.5厘米

拍卖日期：2000年9月20日

估价：US$ 15,000-25,000　成交价：US$ 41,000

拍卖公司：苏富比香港拍卖公司

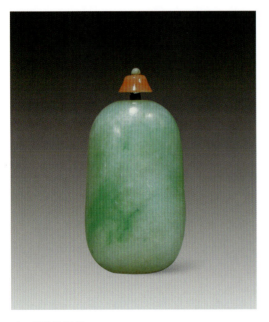

▲ 翡翠鼻烟壶

年代：清晚期（1800-1880）

尺寸：高6.1厘米　拍卖时间：1997年4月28日

估价：HK$ 12,000-16,000　成交价：HK$ 12,650

▲ C货貔貅挂件（背面）

▲ C货路路通（正面）

▲ 南阳玉仿红翡翠球（正面）

▲ 变样的B货

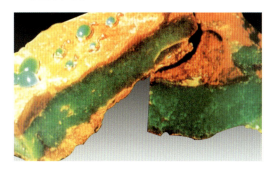

▲ 澳洲玉

▲ 玉仿清远翠蝴蝶（正面）

▲ 翠玉璧饰（正面）

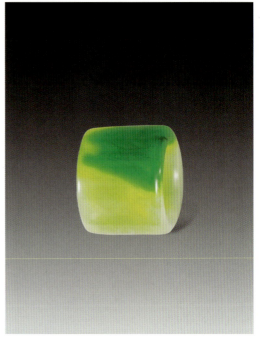

▲ 岫岩玉仿翠扳指（正面）

▲ 新场成品翠未跑色戒面与跑色平安扣对比

▲ 仿三彩翠坠（正面）

▲ 青海玉仿翡翠佛（正面）

▲ 玉仿翡翠球（正面）

▲ 贵翠，成份为SiO_2

▲ 玛瑙仿翡翠镯（正面）

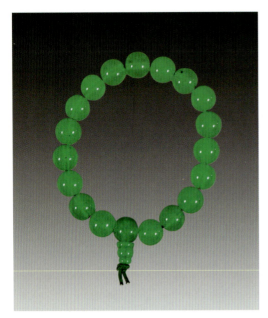

▲ 马来玉仿翠手串（背面）

▲ 人造五彩玻璃石

▲ 仿翠玻璃

▲ 新场石仿写沙作假皮

▲ 皮很清楚

▲ 翡翠局部

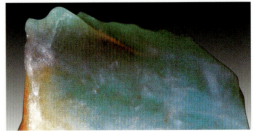

▲ 橙黄皮下绿翡

▲ 圆珠翡翠项链

拍卖时间：1997年4月30日

估价：HK$ 585,000-650,000

▲ 翡翠挂件

尺寸：直径3.639厘米　厚度1.019厘米

估价：RMB 6,000,000

▲ 玉仿翡翠手串（背面）

▲ 鹿鹤同春摆件

尺寸：30厘米×24厘米×20厘米　重量：11,000g

拍卖时间：2007年8月17日

成交价：RMB 6,270,000

拍卖公司：北京九歌

▲ 翡翠人参小摆件

尺寸：高14.6厘米

拍卖时间：2005年5月18日

估价：RMB 80,000-100,000

▲ **翡翠珠链**
尺寸：直径1.7厘米
拍卖时间：1994年秋
成交价：HK$ 33,020,000

▲ **翡翠荷塘庭苑图插屏（一对）**
年代：清 尺寸：高43.7厘米 拍卖时间：1986年11月19日
成交价：HK$ 9,020,000
拍卖公司：苏富比香港拍卖公司

▲ 马来玉仿翡翠手串（正面）

▲ 玛瑙仿紫罗兰手串（背面）

▲ 金镶翡翠吉祥如意摆件

尺寸：长48厘米，宽6厘米，高9厘米

估价：RMB 8,000,000-12,000,000

成交价：RMB 8,800,000

▲ 玉仿翡翠球（背面）

▲ C货葫芦坠（正面）

▲ 翡翠龙纽环方鼎
尺寸：高18厘米
拍卖时间：1983年11月15日
成交价：HK$ 660,000
拍卖公司：苏富比香港拍卖公司

▲ 翡翠双龙耳三足炉
年代：清 尺寸：高23.2厘米
拍卖时间：1988年11月17日
成交价：HK$ 3,190,000
拍卖公司：苏富比香港拍卖公司

▲ 翠玉夔龙纹香炉
年代：清　尺寸：高16厘米
拍卖时间：2005年6月16日
成交价：RMB 49,500
拍卖公司：天津国拍

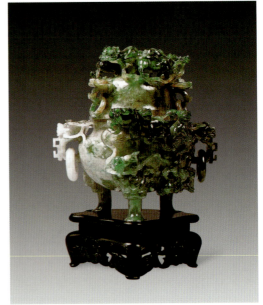

▲ 翡翠群狮双耳盖炉
年代：清
拍卖时间：2002年12月2日
成交价：RMB 880,000
拍卖公司：上海友谊

▲ 翡翠双龙耳三足炉
尺寸：高21.5厘米
拍卖时间：1989年5月18日　成交价：HK$ 2,860,000
拍卖公司：苏富比香港拍卖公司

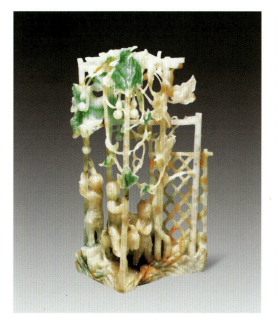

▲ **翡翠瓜棚婴戏摆件**
年代：19世纪　尺寸：高34.7厘米
拍卖时间：1989年5月18日
成交价：HK$ 3,520,000
拍卖公司：苏富比香港拍卖公司

▲ **翡翠雕龙凤纹吊瓶**
年代：清末
尺寸：高27厘米
市场参考价：RMB 1,980,000

▲ **翡翠雕葫芦形盖盒（一对）**
年代：清　尺寸：高42厘米
拍卖时间：1989年5月18日
成交价：HK$ 3,300,000　拍卖公司：苏富比香港拍卖公司

▲ 玉仿紫罗兰翡翠手串（正面）

▲ 翡翠手镯
尺寸：内径5.4厘米　宽1.02厘米　厚0.95厘米
拍卖时间：2004年4月25日　估价：RMB 700,000-900,000

▲ 翡翠春豆坠
拍卖时间：1999年11月1日
估价：HK$ 65,000-78,000

▲ 翡翠三色螭虎带钩
年代：清尺寸：长10厘米　宽4.0厘米
估价：RMB 30,000～40,000

▲ 玉仿紫罗兰翡翠手串（局部）

▲ 南阳玉仿兰翠球（正面）

第三章

翡翠的鉴别

FEI CUI DE JIAN BIE

一、翡翠的品种鉴别

我们根据翡翠的不同命名来分门别类地鉴别。

1.老坑种翡翠

特点为质地细腻、纯净无瑕，鉴别时若仅凭肉眼极难见到"翠性"。老坑种翡翠的颜色为纯正、明亮、浓郁、均匀的翠绿色；透明度非常好，一般具有玻璃光泽，在光的照射下呈半透明到透明状。

若透明度较高，即可称为老坑玻璃种，属于翡翠中最高档的品种，老坑种翡翠是相对于新山玉（坑）而言的，因为采玉人认为河床或其他次生矿床中采出的玉较矿脉中的玉石更成熟、更老，将之称为"老坑"。

2.玻璃种翡翠

特点是完全透明，具有玻璃光泽，无杂质或其他的包裹物，结构细腻，韧性很强，如玻璃一样均匀，没有石花、没有棉柳，甚至没有萝卜花，透明见底；看起来显得十分鲜艳、纯正、色浓、有荧光；即使是厚1厘米的"种"也通透晶莹，如水晶一般。

玻璃种翡翠的质地和老坑种翡翠较易区别，二者的质地相同：老坑种有色，玻璃种没色，因为没有色，因此玻璃种翡翠的透明度稍好。较好一点的玻璃种翡翠在光的照射下会"莹光"闪烁，非常美丽高雅，因而深受白领女士的青睐。

3.冰种翡翠

也称"籽儿翠"，多产于河流沉积矿床，

▲ 翡翠玉料的雾与皮

水头特佳，属"有种无色"的翡翠。质地与玻璃种翡翠有相似之处，透明度较玻璃种翡翠略微低一些，无色或少色。冰种翡翠的特征是外层的光泽很好，半透明至亚透明，清亮如冰，给人冰清玉洁的感觉。

若冰种翡翠中存在"絮花状"或者是"脉带状"的蓝颜色，则称为"蓝花冰"，这种"蓝花冰"是冰种翡翠中常见的品种。大多用来制作手镯或挂件。

无色的冰种翡翠和"蓝花冰"翡翠的价值无明显的高低之分，其实际价格主要取决于人们的喜好。在市场上，冰种翡翠属于中高档品种。

玻璃种翡翠与冰种翡翠的区别是：前者比后者透明，质地更加细，有"钢性"；而后者的表面光泽比前者强；前者能发出"莹光"，而后者却不能发出"莹光"。

4.水种翡翠

水种翡翠虽然也有玻璃光泽，且透明像水，与"玻璃种翡翠"类似，但是水种翡翠有少许水的掩映波纹，或者有少量裂纹（暗微裂），或者含有其他不纯物质，应算作是质量稍差的"玻璃种"，但也属上品，价钱较贵。水种翡翠的质地较老坑种翡翠略粗，光泽、透明度也略低于老坑种或玻璃种，而与冰种翡翠相似或相当。有行家说水种翡翠是色淡或无色的、质量稍差的老坑种翡翠，属中高档翡翠。

水种翡翠常见四种情况：无色的叫作"清水"；有浅而匀的绿色叫作"绿水"；有匀而淡的蓝色叫作"蓝水"；有浅而匀的紫色叫作"紫水"。市场上的价格以清水、紫水为上，以绿水、蓝水次之。

5.紫罗兰翡翠

这是一种颜色像紫罗兰花的紫色翡翠，大多质地较粗，若种水好，价格就高昂。珠宝界又将之称为"春"或"春色"。具有"春色"的翡翠有高、中、低几个档次，当然并不是说只要是紫罗兰，就一定值钱、就一定是上品，还需要结合翡翠的质地、透明度、制作工艺水平等质量指标进行综合评价。

在黄光下观察紫色翡翠会感觉紫色比实际略深，所以观察紫色翡翠时最好是在自然光下为佳，鉴别时应予以特别注意。对于评价这一品种，应该以透明度好、结构细腻无瑕、粉紫均匀者为佳；若紫色为底，其上带有绿色，也是上品。

依据翡翠紫色深浅的不同，通常又可将翡翠中的这些紫色划分为茄紫、粉紫和蓝紫，粉紫质地较细，透明度较好，茄紫次之，蓝紫再次之。

6. 春带翠翡翠

以紫色为底，带有翠绿色，或紫色、绿色大致相等的翡翠，通常被称为"春带翠"。"春带翠"翡翠以紫得热烈或紫得温馨，绿得鲜活、绿得纯正，紫和绿对比鲜明者为佳。

7. 春带彩翡翠

紫色为底，带有红色（翡）的翡翠，通常被人们叫作"春带彩"。其玉料具有吉祥色彩，制作者一般把它用来制作佛像等雕件，这类工艺品长久以来都受到人们的喜爱。

8. 粉彩翡翠

这是一种具有类似于白色条带的紫色翡翠，以紫色为底，玉肉组织中的硬玉晶粒较粗，白色与紫色的分界明显，尽管不透明或微透明，但光泽非常明丽柔和，极为耐看，做成项链一类首饰，既显高雅大方，又别具风采。

9. 白底青翡翠

这是常见的翡翠品种，其特点是底白像雪，绿色在白色的底子上尤为鲜艳。这一品种的翡翠很容易鉴别：绿色在白底上呈斑状分布，透明度很差，大多不透明或微透明；玉件具有纤维和细粒镶嵌结构，但以细粒结构为主，在放大30至40倍显微镜下观察，其表面常见孔眼或凹凸不平的结构。该品种多属中档翡翠，也有少数绿白分明、绿色艳丽且色形好，色底极为协调的，经过良好的设计和加工，可成为高档品。

10. 花青翡翠

这是指颜色较浓艳，分布成花布状，不规则，也不均匀的翡翠。花青种翡翠的质地透明至不透明，依据质地又可分为：糯地花青翡翠、冰地花青翡翠、豆地花青翡翠等。

其底色为浅绿色、浅白色或其他颜色，结构主要为纤维和细粒或中粒结构。该品种的特点是绿色不均，有的密集，有的疏落，色也深浅不一。花青翡翠中还有一种结构只呈粒状，水感不足，其结构粗糙，故透明度较差。

花青种翡翠分布广泛，属中低档品种。

11. 跳青翡翠

其特点是在浅灰色、浅白色或灰绿色的底子上，分布着团块状、点状的绿色或墨绿色。跳青翡翠同花青翡翠的区别是：前者色块分布稀疏，且颜色较重，与底子反差较大；后者脉状分布的绿色与底子相配，显得极为自然和协调，而前者的颜色却显得突出、醒目，具有跳动感和突兀感。

12. 红翡

这是一种是指颜色鲜红或橙红的翡翠，在市场上较易见到。红翡的颜色是硬玉晶体生成后才形成的，由赤铁矿浸染而成。红翡的色一般呈亮红色或深红色，较好的颜色较佳，具玻璃光泽，呈半透明状。多属中档或中低档商品，但是也有高档的红翡，色泽明丽、质地细腻，十分漂亮，深受人们喜爱。

▲ 翡翠腊肉皮

13. 黄棕翡

这是一种颜色从黄到棕黄或褐黄的翡翠，透明程度较低。这类翡翠制品在市场上极常见。它们的颜色也是硬玉晶体生成后才形成的，常常分布于红色层的上面，这是由于褐铁矿浸染所致。在当今市场上，行情是红翡翠的价值高于黄翡，黄翡则高于棕黄翡，褐黄翡的价格最次。

14. 豆种翡翠

豆种翡翠是指类似豆状的翡翠，简称"豆

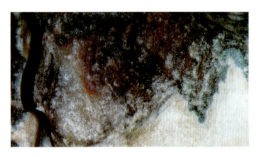

▲ 褐红色沙皮

▲ 翡翠黑乌纱皮

▲ 原生次生翡翠原料（半山半水石）

种"，是翡翠家族中常见的品种。质地较粗，透明度不好。豆种翡翠还可细分为水豆翡翠、糖豆翡翠、细豆翡翠（晶粒小于3毫米）和粗豆翡翠（晶粒大于3毫米）等品种。豆种翡翠的名称十分形象：其大多呈短柱状，恰似一粒一粒的豆子排列在翡翠内部，仅凭肉眼就能够看出这些晶体的分界面。因其晶粒粗糙，故玉件的外表也难免粗糙，其光泽、透明度往往不佳，通常被翡翠界称为"水干"。一些带有青色者，被称为"豆青"或"淡豆"；带有绿色者，被称为"豆绿"。豆种翡翠极为普通，质量较差，属于低档玉种。

15. 芙蓉种翡翠

这是一种颜色为中到浅绿色、半透明至亚半透明，质地较为细腻，尤其是颗粒边界呈模糊状，很难看到明显界限的翡翠。

该品种的翡翠颜色多半呈淡绿色，不含黄色调，绿得较为清澈、纯正、柔和，有时其底子也稍微带些粉红色。质地较豆种翡翠细，在10倍放大镜下能明显观察到翡翠内部的粒状结构，但是硬玉晶体颗粒的界线非常模糊，其表面具有玻璃光泽，透明度介于老坑种翡翠与细豆种翡翠之间；其色稍淡，但显清雅，虽然不够透，但是也不干，极为耐看，属于中档或略为偏上的翡翠，市场价适中，称得上是物美价廉。

芙蓉种类似芙蓉花，香味清淡，绿色，其色纯正，不带黄色调。糯化底，玉质比较细腻，也很耐看。若这种翡翠上出现深绿色的脉，则通常被称作"芙蓉起青根"，价值很高。20世纪80年代，香港苏富比拍卖会上曾有一支芙蓉种翡翠手镯，因其具有鲜绿色的脉，竟然卖到200万港币。

16. 藕粉种翡翠

该品种翡翠的质地细腻如藕粉，颜色呈浅粉紫红色（浅春色），其结构与芙蓉种翡翠类似，在10倍放大镜下观察，可以看到硬玉晶粒，但较芙蓉种翡翠为细，且晶粒界面模糊。现在市场上很多翡翠挂件就是用藕粉种翡翠雕成的。

17. 糯化种翡翠

该品种翡翠用"糯化"二字形容其质地状态，是因为具有柔和的亚玻璃光泽，较为透明，肉眼观察时硬玉晶粒形似糯米粥。在10倍放大镜下观察有颗粒感，但是颗粒均匀。糯化的质地上面有时可带有不均匀的颜色，因而又有人将它称为"糯化底翡翠"，意思是说糯化的底子上分布着某种色彩，就像绿色、蓝色等。

常见的糯化种翡翠有无色、飘蓝花、飘绿花等。其晶体比冰种翡翠、水种翡翠粗，属于中档品，少数为中高档品种。

18. 马牙种翡翠

这是一种质地比较粗糙，玉石中矿物呈现

白色粒状，透明度差的翡翠品种。用10倍放大镜很容易就能看到绿色中有很细的一丝丝白条，尽管颜色较绿，但是分布不均，有时还可以看见团块状的白棉。

马牙种翡翠的价值不高，在制作工艺品时很少用于戒面，绝大多数都用于制作挂牌或指环等。属于中档或中低档货。

19.广片

广片的显著特点是在自然光下绿得发暗或发黑，质地较粗，水头也较干。该品种的翡翠在透射光下表现为高绿，在反射光下表现为墨绿。切成薄片后，就能够发现绿得艳丽动人。因为这种翡翠曾经在我国南方，特别是在广东一带盛行，所以得名。

确切地讲，"广片"其实是一种翡翠薄片加工的方法，目的是在加工透明度差、颜色墨绿的翡翠玉料时，巧借厚薄与颜色、透明度的关系，如当玉料切磨成1毫米左右的薄片时，翡翠颜色中的暗色就会明显减弱甚至消失，而绿色则变得更为突出和浓艳了，透明度也得到较大的改善。通常情况下，好的广片用铂金、白色K金等贵金属包边后，就会显得高贵，而不俗气，在市场上价格也较高。目前，广片一般用来制作吊牌、胸坠等饰品，显得很有品味，较受白领阶层等消费者青睐。

20.翠丝种翡翠

这是一种质地、颜色均佳的翡翠，在市场上属于中高档次。其特点是韧性很好，绿色呈现丝状、筋条状甚至呈条带状平行排列。有一种观点认为，在浅底上（中）有绿色呈脉状、丝状分布的翡翠统称为翠丝种翡翠。实际上，有丝状绿颜色的并非一定就是翠丝种翡翠。因为翠丝种翡翠应同时具备两个特点：其一，绿色鲜艳，色形呈条状、丝状排列成顺丝、片丝状于浅底之中；其二，它的定向结构非常明显，即丝条状的绿色清晰地朝着某个方向分布。硬玉晶体呈细纤维状拉长定向排列，这说明其在生长过程中受到强应力的作用，所以玉件的韧性很高。

翠丝种翡翠以透明度佳、绿色鲜艳，条带粗，条带面积占总体面积比例大的为佳。

▲ 薄水皮

▲ 黄雾

21.金丝种

这个品种的翠玉历来争论较多，但是大多数属种质幼细、水头长和色泽佳的高档品种。行家对此通常有两种叫法。其一，指翠色呈断断续续平行排列，其二，指翠色鲜阳微带白绿，但种优水足。

"金丝种"的绿并非一大块，而是由很多游丝柳絮密密组成；在光线较强的环境下，青绿种会让人有金光闪闪的感觉，但其本身并非金色的。有人把它叫作"丝片状"或"丝丝绿"，它们的特色也是指绵绵延延的丝状绿色，实实在在，像有脉络可寻。但也不排除有些玉块可能出现少许"色花"。"丝丝绿"的翠青像游丝一样细，具有明显的方向性。翠绿色的丝路顺直的，叫作"顺丝翠"；丝纹杂乱如麻的，或像网状的瓜络的，叫作"乱丝翠"；杂有黑色丝纹的，叫作"黑丝翠"。以"顺丝翠"最美和价值较高，"黑丝翠"则无收藏价值。

▲ 翡翠原料的癣

▲ 翡翠钨沙石的莽与松花

有些"金丝种"玉的游丝排列非常细密，并排而联接成小翠片，一眼看上去不像丝状，却像片状，因此有人把它称作"丝片翠"。虽然乍看好像没有方向性，但是如果用10倍放大镜仔细观察，仍会发现有一定的趋向。

还有一种，翡翠行家称为"金线吊葫芦"，实际上也是"金丝种"翠玉的一种。其特色是在一丝丝翠色下，可能有较大片的翠青，二者绵延相连，就像微型瓜藤互系。

22.油青翡翠

这种翡翠的颜色为带有灰色加蓝色或黄色调的绿色，颜色沉闷而不明快，但透明度尚佳，通常呈半透明状，结构较细，大多看不见颗粒之间的界线，简称"油青种"或"油浸"，是由绿辉石、硬玉等微细矿物集合体组成的翡翠。

油青种翡翠的光泽看起来有油亮感，是市场上常见的中低档翡翠，一般用来制作挂件、

手镯，也有做成戒面的。这种翡翠的绿色明显不纯，含有灰色、蓝色的成分，有时甚至带有黑点，因此色彩不够鲜艳。其晶体结构多为纤维状，也比较细腻，其透明度尚可。按色调细分又有"见绿油青"、"瓜皮油青"和"鲜油青"等，价值较低。

23.八三玉

这是一种呈灰白色，质地粗松，不透明，大多含有角闪石的翡翠山料。因产自缅甸北部一个叫"八三"的地方，故被人称作"八三玉"、"爬山玉"等。

"八三玉"原石透明度极差，颜色比较丰富，有淡紫、浅绿、绿或蓝灰等颜色，是一种品级较低，含有闪石、钠长石等矿物的特殊翡翠。因其原石杂质多、结构粗、水头差，要做成装饰品，须经人工处理。市场上的"八三玉"实际上是经酸洗注胶后的翡翠B货。此品种经过人工处理后，色彩鲜艳，透明度好，又被叫作"新玉"，曾经是最为流行的翡翠B货。

24.干白种翡翠

这是一种质地粗、透明度差的白色或浅灰白色翡翠。翡翠行家对其的评价是：种粗、水干、不润。这种品种通常无色或色浅，凭肉眼就能见到晶粒间的界限，因其外表结构粗糙，使用、观赏价值都比较低，属于一个低档次的翡翠品种，但是如果做成好的雕件，则可明显提升其市场价值。

25.墨翠

墨翠在市场上很常见，但易被人误认为是其他玉石中的"墨玉"（黑色软玉或黑色岫玉等），实际上它是绿辉石质翡翠。其在反射光下不透明，光泽较弱，但是在透射光下观察，则会呈现半透明状，且黑中透绿，尤其是薄片状的墨翠，在透射光下娇艳动人。墨翠通常不能算为高档翡翠，但用作具有特殊含义的饰品时，如 "钟馗驱邪"一类的挂件、摆件时，价格却不低。

26.铁龙生

铁龙生为缅语意即满绿的意思。是比较新的一个翡翠品种，翠绿色，水头差，微透明至不透明，但绿色多而均匀，常常为满绿，但色

调深浅不一，透明度低，结构疏松，市场上随处常见。

"铁龙生"用贵金属镶嵌后可做成薄叶片、薄蝴蝶等挂件，也有用来做雕花珠子、雕花手镯等满绿色的饰品的。因其绿得浓郁，薄片做成的装饰品，观赏和使用价值较高，如用铂金镶嵌的薄形胸花、吊坠，用黄金镶嵌的"铁龙生"饰品，金玉相衬，富丽大方，招人喜爱。

27.干青种翡翠

这是一种绿色浓并且纯正，透明度较差，底干，玉质较粗，矿床颗粒形态呈短柱状的翡翠。

其特征是：颜色黄绿、深绿至墨绿，带有黑点，常有裂纹，不透明，光泽弱，水干，因此被称作"干青种"。干青种的矿物成分主要是钠铬辉石，也含有硬玉等矿物成分。

干青种翡翠与铁龙生翡翠的区别明显：前者的主要成分为钠铬辉石，由于铬的含量太高，辉石发生了改变，而后者的主要成分是硬玉或

铬硬玉，只是颗粒大小和结构疏密有变化，造成了后者水头不足，硬玉颗粒粗，且结构较为稀疏。

干青种翡翠通常被做成薄的戒面或玉片，这样显得通透一些。也可做成摆件或挂件，有一定欣赏价值。

28.瓷底翡翠

该品种的特点是：结构较致密，但透明度低，在自然光照射下，表面的光泽如瓷器，因此而得名。瓷底翡翠有：浅灰色、浅白色、浅蓝色、浅紫色等类别，属低档翡翠，但若用其做成雕件、器皿一类工艺品或用具，效果也不错。

29.雷劈种翡翠

"雷劈"是一种比喻，暗示一种翡翠的裂纹很多，就像雷劈过一样。雷劈种翡翠的原石生于地表，因长期的风吹、日晒、雨淋等风化作用，而产生许多裂纹，这样的翡翠虽然颜色和光泽较好，但很难做成首饰，价值较低。

▲ 翡翠的雾与皮

▲ 有蟒带松花翠料石

▲ 翡翠鼻烟壶

有绺
年代：清中期（1750-1850）
尺寸：高5厘米
拍卖时间：1997年4月28日
估价：HK$ 60,000-80,000

30.福禄寿翡翠

这是一种同时具有绿、红、紫三种颜色的翡翠。在我国，长期以来，福、禄、寿都是人们孜孜以求的三种人生境界，所以"福禄寿"翡翠被看作是吉祥的象征，一直深受人们的喜爱，因而价值不菲。

31.乌鸡种翡翠

该品种的特点是：色调为蓝绿色、灰绿色至黑灰色，颜色不均，深浅不一，质地较细，肉眼可见"翠性"。该品种的成分中含有硬玉、绿辉石、透辉石等矿物。因颜色深浅不同，透明度由不透明、微透明到半透明，光泽从油脂光泽、亚玻璃光泽到玻璃光泽均有。用该翡翠制作的首饰，别具一格。用其中光泽度不高的乌鸡种翡翠饰品，更有一种古朴神秘的风格，是一种中低档翡翠。

32.水浸翡翠

也被称作"皮色水"、"卯水"、"干心"翡翠，其外部组织通常呈现蓝灰至绿灰色，内部呈白色或灰白色。该翡翠裂隙较多，特点是翡翠外面的一层组织"水头"较好，颜色较深，但内部却较干，颜色较浅或根本无色。这是因其在漫长的地质成矿过程中，由于外部某种原因浸染蚀变所致。水浸翡翠成品很容易辨别，但如果是原石，就应该防止由于表里不一产生误判，造成不必要的损失。

▲ **翡翠观音像**
年代：清代 拍卖时间：2004年1月7日
估价：RMB 60,000 成交价：RMB 66,000
拍卖公司：天津文物

二、翡翠的常用鉴别方法

鉴定翡翠通常采用以下几种方法：

1.掂量法

这是一种较为原始的方法，在赌石的确定中十分有效，其原理是翡翠的比重较一般的仿品要大，而常见的翡翠仿品是硅质砾石、大理岩、水抹子（钠长石）、角闪石砾石，这些原料的仿品往往比重较小，手掂量时感觉很轻，这种方法在中等大小的雕刻件中非常有用，在小挂件及手镯中也有使用，但据此来判断，要格外小心。

2.刻划法

这种方法的原理是利用翡翠硬度大这一特点。民间人士多用玉去划玻璃，认为能刻划玻璃的即是玉，这种方法能区别硬度在5上下的玉石，也可以采用小刀刻划雕刻件不明显处或底座的方法来鉴别。

3.敲击法

多应用于翡翠玉镯及切片翡翠，发出清脆声音的大多为好的玉石或翡翠A货，而低档的玉石或翡翠B、C货通常发出沉闷的声音。

4.水泡法或水煮法

这种方法多用于翡翠赌石的鉴别及翡翠C货的识别。有些染色的翡翠，经过水煮，能够去除染料或浸泡出染料；而对赌石，水煮后经常能识别假皮、假门子、拼合缝等，有时还可以识别翡翠的裂隙裂缝等。

5.火烧法

这种方法很少用，在民间有时为弄清翡翠是否染色时还可见到，染料经火烧后通常会褪去颜色。

▲ 假皮壳

▲ 假皮翡翠

6.手感法

此法在区别翡翠与玻璃制品时，极为奏效，因为翡翠的手感特别凉爽，玻璃则无此感觉。

7.肉眼观察法

这是最通用的方法，有时还可借助灯光辅助，非常管用。

除赌石外，一般的翡翠制品中还要特别注意以下几点。

（1）看翡翠的翠性。即翡翠表面在光照耀下所能看到的闪光小面，就像翅状的闪光，这是翡翠独有的特性。在翡翠没有抛光的面上，翠性往往特别明显，闪光面的大小与翡翠颗粒的大小有关，颗粒小，闪光面小；颗粒大，闪光面大。一般根据闪光面的大小及形状，可分为片状、翅状、沙星状。在已抛光的翡翠中，翠性一般不明显，尤其是沙星状的闪光常难见到，但片状的闪光很常见。

（2）看翡翠表面的橘皮状效应。指在翡翠表面见到的好像橘皮状的表面起伏现象，这也是翡翠的特性。橘皮状效应是否明显，与翡翠颗粒的大小、形状、排列方式有关，也与翡翠的表面抛光方式有关。

（3）看翡翠独特的结构。翡翠颗粒粗大不均时，肉眼轻易就能看出这种翡翠的豆粒状结构，也就是常说的"豆种"；但翡翠颗粒细小时，这种现象则不明显。

（4）看翡翠的光泽。普通的翡翠玻璃光泽明显，这在种好的翡翠中更为突出；在某些种差的翡翠中，则表现为蜡状光泽。

（5）看翡翠的颜色。翡翠的颜色在产状、形状、分布方面的特点鲜明，这也是区别于其他物质的重要特点。

三、镀膜翡翠的鉴别

镀膜翡翠戒面通常颜色均匀翠绿、水种好，粗略一看很像满色的高档翡翠，有些镀膜手镯常常模仿中、高档天然翡翠手镯那样仅有一小段绿色，且有色区段与无色区段逐渐过渡，仿真程度非常高。这种镀膜翡翠戒面和手镯，在云南的瑞丽市场上非常常见。

仔细一看，镀膜翡翠颜色呆板没有变化，光泽暗淡，带有蓝色调，10倍放大镜下观察，表面镀膜厚薄不匀，镀膜上有砂眼和气泡，并能在某些部位找到因破损而暴露出来的浅色翡翠基底。对于镀膜手镯，在绿色区段与无色区段交界的过渡带上，用放大镜可以观察到表面因喷镀而留下的绿色膜的密集小点，这种色点从无色段的表面开始，越靠近绿色段密度越高，最后连成一片。此外，因为镀膜硬度有限，所以在鉴别前可用指甲或钢针等硬物刻划翡翠表面，也可在水泥地上磨一下，以便鉴别时观察表面有无镀膜破损现象产生。

此外，镀膜翡翠还有一些依靠仪器可识别的特征：①通常难以测得翡翠的折射率；②与翡翠的密度有一定的差异；③红外光谱可测出胶膜的存在。

四、翡翠代用品的鉴别

目前市场上的翡翠代用品实在是不计其数，常见的有爬山玉、硬钠玉、水沫子、不倒翡、软玉、独山玉、岫玉、青海翠玉、绿玛瑙、澳玉、东陵玉、马来玉、玻璃等，这些代用品在外观和颜色上与翡翠的某些品种非常近似，但很多不具有翡翠的粒状、纤维状交织结构，它们的物质组成、折射率、密度和硬度等都与翡翠有较大区别。

1. 爬山玉

爬山玉主要组成矿物为硬玉（约90%），次要矿物为透辉石（约10%），伴有透闪石化，通常认为爬山玉为翡翠变种，属新山料。其绿色呈斑状、块状、条状分布，点缀不鲜艳的灰蓝花；水头一般较好，多呈半透明，相对密度为3.25~3.31，折光率1.66，呈玻璃光泽，硬度略低于翡翠，紫外光下难见荧光反映，分光镜下，在437nm处出现一吸收谱线。爬山玉可以根据其色形特征，飘灰蓝花水头较好，敲击声发闷，不易碎裂等特征来鉴别。

爬山玉与翡翠B货的区别是，翡翠B货是经人工处理，结构已被破坏因而显得松散；爬山玉结构完整，不松散。B货表面有微细沙眼，翠性模糊；爬山玉表面光洁，翠性明显。B货绿色飘浮，呈蜡状光泽，爬山玉飘灰蓝花，色实在，呈明亮的玻璃光泽。红外光谱分析，爬山玉的谱线与翡翠A货相同，而B货出现异物吸收峰。

但要注意的是，市场上的爬山玉一般经过类似B货处理的方法处理，因此识别爬山玉并非易事。在业内，有人甚至称爬山玉就是"B货"。

2. 硬钠玉

硬钠玉是纯翡翠岩的围岩，呈构造角砾状，产于翡翠岩外带的镁质钠铁闪石集合体内。含钠长石成分高（85%~90%），含Cr大于3.75%，而翡翠含Cr通常不超过万分之几。硬钠玉一般呈鲜绿、不透明或微透明，折光率低于翡翠，为1.52~1.54，相对密度为2.46~3.15，比翡翠小。

3. 水沫子

水沫子通透感好，大多呈蛋清地或玻璃地，往往有蓝、绿色飘花，敲击时声音清脆悦耳，主要矿物成分为低温钠长石，次要矿物为硬玉、绿帘石、阳起石、石英，因此其实是一种斜长石岩。主要致色矿物是按某种方向排列的阳起石、绿帘石及蚀变绿泥石，水沫子折射率较翡翠小，为1.530~1.535，硬度为6，相对密度2.48~2.65，远远低于翡翠，拿在手中感觉很轻。水沫子在云南的腾冲、瑞丽市场多见，常用以充当中、高档翡翠。

4. 不倒翁

不倒翁产于缅甸北边，因其在当地的名称音近"不倒翁"而得名。大多呈斑斑点点的葱绿，在重量和手感上与翡翠类似，且有较好的温润感，硬度较翡翠小，在查尔斯滤色镜下变红色。

▲ 人造松花

5. 软玉

软玉通常呈特有的交织纤维变晶结构，有时还含有少量蛇纹石、透辉石和绿泥石等副矿物。其折射率和相对密度较翡翠小，分别为1.62和2.95。查尔斯滤色镜下不变色，分光镜下绿区509nm有一吸收线。软玉无雪片、苍蝇翅等翠性表现。翡翠通常不带黑点，偶有黑点也呈圆形点状；而软玉却大多带黑点，且形状多为不规则棱形。假冒翡翠的软玉通常呈菠菜绿色，颜色呆滞，无祖母绿色调；翡翠有色形色根，软玉颜色均匀，无色形色根；翡翠底张灵气生动，而软玉质地匀润，光泽柔和，呈油脂或蜡状光泽。

6. 独山玉

南阳独山玉是我国的一个古老品种。其颜色、质地、硬度和折光率与翡翠差不多，相对密度小于翡翠，为2.9，很容易与翡翠混淆，两者的主要区别是，翡翠绿色纯正，独山玉水头足者在绿色中往往闪现蓝光，在水头不足者中多带黄色；如果放入溴苯中，翡翠只见边缘不见整体，独山玉则清晰可见；独山玉难见雪片、苍蝇翅等翠性；因为密度不同，在二碘甲烷重液中，翡翠会慢慢下沉，而独山玉则浮于液体表面。

7. 岫玉

岫玉产于辽宁岫岩，多呈微透明到半透明，与翡翠的主要区别是，在岫玉的绿色中通常夹带有一点灰色，颜色淡而均匀，无明显的色形色根；岫玉中分布有不均匀的丝絮，清晰可见不透明的白色"云朵"；岫玉断口较为平坦，具沙性特征，而翡翠断口为暗渣参差状；岫玉硬度为3.5~6，相对密度为2.65，较翡翠轻很多，在二碘甲烷中浮于重液表面。

8. 青海翠玉

青海翠玉的主要矿物成分是钙铝榴石，含有些许绿泥石、透辉石等。青海翠玉通常为白色及各种深浅不同、分布不均的绿色、黄绿色。呈微透明到半透明，很容易观察到黑色铬铁矿斑点，玻璃或油脂光泽，断口不平坦，性脆易碎。显微镜下呈粒状结构，硬度6~6.5，折射率、相对密度都较翡翠大，分别为1.734和3.5。青海翠玉与翡翠的区别是，青海翠玉无明显翠性，绿中闪黄，绿色团块与周围边界很明显，显得死板；查尔斯滤色镜下会变微红至暗红色。

9. 半透明祖母绿

祖母绿是一种绿柱石单晶体，折射率1.56，分光镜下红、蓝、紫区可见吸收线，其微透明或半透明品种，与翡翠极其类似，它们的鉴别特征是，祖母绿除具有与翡翠非常相近的色调外，颜色均匀无色根；半透明祖母绿内含杂质絮状物较多；祖母绿无翠性，也无翡翠所特有的纤维交织结构。通常可见明显的几个不同方向的解理组相互交叉；祖母绿硬度较翡翠大，为7.5~8，但性脆易碎；相对密度为2.68~2.73，较翡翠小，因此在二碘甲烷重液中浮于液面之上；某些祖母绿在查尔斯滤色镜下呈粉红色。

10. 铬透辉石

铬透辉石与翡翠的主要矿物成分硬玉在矿物学上极类似，故二者在外在形态、物理性质、化学性质上也十分相似，特别是二者致色因素相似，所以它们的色度参数相近，视觉效果几乎相同。但因为翡翠是以硬玉为主要矿物组成的集合体；因此其透明度高者极少，而铬透辉石为矿物单晶体，因此大多颜色均匀，透明度高，无色形色根和翠性。

11. 乌兰翠

乌兰翠为一种含铬尖晶石夕卡岩，硬度为6~6.5，相对密度3.5，折光率1.734，大多呈蓝绿到暗绿色，暗淡无光，敲击声沉闷。

12. 贡翠

贡翠是一种产于云南高黎贡山的绿色大理岩，透明或半透明，绿色均匀，较翡翠色淡，相对密度、硬度较翡翠小，贡翠遇盐酸起泡。

13. 贵翠

贵翠是一种产于贵州、云南、缅甸等地的

▲ **翡翠刻饕餮纹鼻烟壶**
年代：19世纪《敬齐》
款拍卖时间：1990年11月14日
成交价：HK$ 4,730,000
拍卖公司：苏富比香港拍卖公司

细粒石英岩，大多呈淡绿色，也有翠绿、葡萄绿，均带蓝色调，贵翠通常呈花斑状、带状、云雾状；粒度粗，常带砂眼，其折射率为1.54，相对密度2.65，硬度为7。

14.绿玛瑙

绿玛瑙与翡翠的主要区别是，绿玛瑙绿中闪蓝，颜色均匀，通体一色，无明显色形色根，也无翠性的闪光，断口为半闪亮碴口，相对密度2.65，较翡翠轻。

15.澳玉

澳玉是一种绿色玉髓，较绿玛瑙更像翡翠，澳玉与翡翠的主要区别是，澳玉的鲜绿色中往往闪现黄色，颜色均匀，质地细腻，用肉眼很难见到粒状结构的致密块状，呈玻璃光泽，无色形色根和翠性表现；澳玉断口为参差状至平坦状，相对密度为2.6左右，明显轻于翡翠。

16.东陵玉

东陵玉是一种产于印度的云母石英岩。粒状结构，颗粒较粗，可明显看到如繁星般闪亮的绿色铬云母鳞片，微透明至半透明，玻璃光泽，相对密度2.7～2.8，折光率近于1.56，无翠性表现。

17.马来玉

马来玉是一种染色石英岩，常被用来假冒翡翠中的高绿品种。其绿色深艳均匀，透明度好，硬度为7，折光率1.54，相对密度2.7，较翡翠小，用10倍放大镜观察，马来玉呈粒状结构，颜色呈网格状沉积于石英颗粒之间，无色根；查尔斯滤色镜下不变色或呈粉红色，分光镜下红区660～680nm可见吸收窄带。

18.玻璃

玻璃也常被用作翡翠的仿制材料，特别是一种绿色脱玻化玻璃，透明度极佳，是被专门用来仿翡翠的，这种玻璃内有树枝状雏晶，折射率、相对密度均较翡翠小，分别为1.54和2.64；放大镜下观察可见圆形或泪滴形气泡；偏光镜下多呈晶质体，无翠性，分光镜下无翡翠的特征吸收谱；玻璃翡翠大多是由模具倒出来的，因此戒面的面角圆滑，表面会有冷却收缩形成的凹面。

此外，烧料或瓷等也常被用于假冒翡翠，二者的鉴别特征是，颜色虽绿却死板呆滞，透明而少晶莹；色形不自然，为搅拌状、均匀状或点状；无翠性特征；断口为亮碴贝壳状；内部可见明显气泡；硬度、相对密度均小于翡翠。

五、几种常见翡翠赝品的鉴别

1.垫色翡翠

这类翡翠的作假方法是在透明度佳，但无色的翡翠成品背面涂上绿色或垫上绿色薄片（纸），然后，将涂色或垫色面镶入密封的金属架内。

鉴别时若发现绿得不正，发呆，无层次感，缺乏灵性，而且首饰的背面有被金属密封的痕迹，就必须提高警惕，其色可能有假！

垫色翡翠以前大多只在戒指或包金的观音、佛一类饰品中出现。

2.组合石

组合石又称"多层石"。翡翠组合石实质是一种做假行为，主要是为达到示真隐假，整体上以次充好的目的。

组合石通常有二层石和三层石两类，有多达三层的情况，常在翡翠原石和翡翠戒面中出现。

二层石有"假二层"和"真二层"之分，假二层一般上层为无色翡翠，下层为绿色玻璃或染绿的薄片；真二层的上下二层均用颜色相同的翡翠，粘合成一粒较大的戒面，在体积上以小料充大料。

在首饰中，三层石的组合方式较多，其中两种情况最常见：

顶、底均为无色翡翠，中间用一双面都绿的薄片材料粘合而成。

三层均为翡翠，中间差而上下两片好，通过三层粘合后，戒面体积增大，以牟取高利。

对组合石的鉴别应注意以下几点：

仔细观察。对翡翠原料，应反复观察皮壳的原料特征，力求从粘合口的颜色等方面找出蛛丝马迹，对没有镶嵌的戒面、坠子等饰品，要注意观察其侧面有无粘合接缝，有无细微的分层现象，有无颜色及光泽的异常。

注意底部密封的镶嵌饰品，若已镶嵌的戒面、挂件等物品的后面完全密封，或窗口很小，要特别注意，防止有假。

浸水检验：将组合石浸入盛满水的器皿中，在镜下仔细察看其侧面，会发现不同层面会显示不同的颜色，在不同色带的交界处，就是粘合缝。对于没有色带的组合石，只要认真察看，同样也不难找出粘合缝。

组合石置于水中，还会有气泡沿粘合缝溢出，若是泡于60℃以上的热水中，还会使粘合胶软化而脱落，显示出其庐山真面目。

组合石的颜色，仔细观察，会发现绿色完全是从内部或底部透出，而不在其表面。

3.薄壳翡翠

这是一种以翡翠作为表皮的欺诈行为，要注意防范。

薄壳翡翠常见做法是将绿色深、透明度差的翡翠切成0.5～1毫米的薄片，贴在或包在内部充满高分子聚合物（如环氧树脂一类胶料）的表面，形成一枚绿色鲜艳，透明度较佳的翡翠首饰，有的甚至可以冒充老坑种翡翠。但用这样的方法只能做体积较小，形状简单的饰品，如戒面、坠子、观音、佛等饰品只能偶然见到。

薄壳翡翠表面材料很薄，翡翠与树脂的比例在1:9～2:8之间，看起来好像有一层壳，翡翠行业内因之将其称作"薄壳翡翠"，又有人戏称其为"鸡蛋壳"。这种假货表面材料是翡翠，其外观、结构、折射率均无异常，因此有较强的蒙骗性。可从以下几方面进行鉴别：

手感轻，比重较低。

反射光下不自然，在灯下照射，或用聚光电筒照射，会看见内部很明亮，反射光比较散乱。

用紫外荧光仪检查，在长波紫外线下，有明显蓝色至淡紫色荧光。

红外光谱仪检测：会发现树脂吸收峰，有别于真翡翠。

近年来，薄壳翡翠虽然少见但仍时有出现，不但有用色浓的料制作薄壳，还有用色淡种好的翡翠制成表面，而在其后垫入树脂，再包上18K白金，给人以高档货的感觉，这一伎俩甚至许多商家进货时都难以识别，应予注意。

六、真假翡翠的正确鉴别要点

真假翡翠的鉴别主要是指"料"的鉴别，可以从以下几个方面着手。

1.作伪形式

染色石英岩—马来西亚玉：也有人称作"南洋翠"、"马来翡翠"、"韩玉"。主要成分是石英，为等粒结构。绿色浓艳不纯正且分布不均匀，硬度6.5～7，密度2.63～2.65，折光率1.55，滤色镜下观察，会发现染色石英岩和焌色翡翠均变为暗红色、粉红色和深红色，而天然翡翠则不变色。

脱玻化玻璃翡翠：呈半透明翠绿色，结构与天然翡翠差不多。但脱玻化翡翠密度2.64，折光率1.54，较天然翡翠小。脱玻化翡翠饰品是用模具倒出来的，因此很难见到人工琢痕，戒面圆滑。放大镜下可观察到内部有泪滴形气泡。

现在也有一些玻璃是不含气泡的，比如日本制造的Meta-Jade颜色翠绿均匀，无气泡，最好的鉴定方法是在透视灯下用放大镜观察可发现其有羊齿植物的叶脉构造，这是因为部分重结晶作用结果而产生的，它的比重也比翡翠轻，为2.65左右，折射率在1.5左右，也可以用放大镜观察，饰品内发现杂质或气泡的就是假翡翠。

2.分辨假料

较常见的假"料"是玻璃料、塑胶料、松香料和其他烧料。

尤其是玻璃料，是旧翠玉中常见的伪造品，以玉镯、珠链与戒指蛋面居多。通常情况下，同等大小的首饰，真翠玉的手感较重，假料明显较轻，尤其是塑料，更感轻飘飘的。

真翠玉是硬玉，在光照下很有质感。假料则没有，还因其硬度低，只要用手使劲摩擦，假料的表面即易起毛；真翠玉的表面则越摸越光润，不起毛。

放在强光下（或把大电筒从其后方映照），假料有气泡，也就是俗称的"料泡"或"猪鬃毛眼"，多数颇为明显，有些还可以见流纹，用放大镜会看得更清楚，也可用手指蘸清水，把水珠滴在抛光面上。若是假料，水珠会立即散开（塑胶料除外），真翠玉则不会。假料颜色呆板，色带蓝而不均匀，也无"翠性"（晶状颗粒结构），有色与无色之接触点很明显地截然分开。

3.正确选择鉴定工具

(1)查尔斯滤色镜可辨C货

在翡翠的鉴别工具中有种"照妖镜"，它的正式名称应为"查尔斯（CHELSEA）滤色镜"，日本人称之为"祖母绿镜"，因为本来是用来鉴别"祖母绿"的，所以英国货的镜套上注明是"EMERALDFILTERCGL"，意思是指"祖母绿滤色镜"。

这种"照妖镜"是鉴定翡翠是否染色的主要工具，它是一片特制的灰绿色玻璃，会吸收黄绿色光，透射深红色光和少量深绿色的光。用此镜照看"祖母绿"这种宝石时，镜片会吸收黄绿色的光，只允许红光透过（也有例外的）。因石本身含有天然的铬元素（CHROMIUM），因此会泛出红光。

染色的次生翠玉（C货），因为是用人工方法逼进铬的成分或铬的染色粒；因此透过滤色镜便会像"祖母绿"那样变成红色、粉红色或紫色等色层来（所显示的色层由不同牌子的滤色镜而定，应先看清楚说明书）。真正原色而并非人工染色的翠玉，则因为没有逼进铬元素，本身是钠和铝的矽酸盐，含铁元素，所以呈灰、绿、白等色素，用查尔斯滤色镜照出来后仍现灰绿；本来是浓阳的翠玉则显得更灰，因为真正翠玉透射的大部分是绿光，红光很少或基本没有。但是用这个方法"照妖"仍非绝对正确，因为更现代化的染色C货，连"照妖镜"也照不出来。

或许有人会问："会不会用'祖母绿'来冒充翠玉呢？""祖母绿"是极高档宝石，许多比翠玉还贵重，而且通透，色调不同，因此应该不会拿来冒充翠玉。奸商多以石英岩加工染色。

(2) 光谱分析仪与比重水

今天的B货、C货作伪技术已经非常高超，特别是前者的"造底货"，只凭肉眼或经验很难分辨出来。很多人买翠玉最易犯的毛病是以为"亮丽"就好，谁知是寿命不长的B货，因

而受骗。

鉴定时，除了用"照妖镜"之外，还可以用光谱分析仪（或称为"分光器"（SPECTROSCOPE））。每种宝石，包括翡翠在光谱分析仪下都会呈现不同的光谱。凡是褪黄褪黑、"入胶"的造底B玉与染色（炝绿）的C货，在光谱分析仪下均会出现色带或暗影，尤其在红色的光谱附近，更会出现宽吸收带，A货的真翠玉则无此特征。

另一个方法是比重水。翠玉为硬玉，比重应为3.33，最小也介乎3.22～3.24之间，因此如果用3.32的比重液测试，真翠玉会下沉，玻璃、松香、塑料等伪装货会浮出水面。

(3) 折射仪有助鉴别

鉴别翠玉也可以利用折射仪。光线射到翠玉或假玉上时，会有部分被反射，部分进入其中，并会偏向，这种偏向就是"折射"。

不同质地的玉石折射率也不同，而A货翠玉的折射率平均应为1.66。经加热、加压的C玉和用强酸褪去杂质的B玉，会影响玉本身的折射率，所以平均折射率与1.66不同的，大多数都有问题。比如有些翠玉件用折射仪测试出来的折射率是1.56或1.71，肯定不是A货翠玉，而是用其他石染色冒充，像绿色萤石的折射率就只有1.43，铬玉髓约为1.54，钙铝石石榴石为1.72。使用雷纳折射仪，要在平台铅玻璃表面滴上少许油，作为接触液。这种油与铅玻璃一样，折射率均为1.81。

上述所示的折射率是指单折射，也有所谓双折射。但翡翠因为属于单斜晶系、双光轴矿物，因而双折射并不明显。

有些已经镶好的翠玉首饰表面为圆弧形，凸起而不平整，用上述标准法测看不易鉴定；可改用"远视法"（或称为"点测法"），接融液不但要少，还要先用脱脂棉抹净。要把眼睛后移，与目镜距离25厘米，方能照到暗影边缘的数据。

4.其他几种鉴别法

以下几点在鉴别时也应注意：

若把A货"老坑玻璃种"（不超过一厘米厚）放在有字的纸上，置于较强的光照下，可透见底；其他玉种则很难。如果属B玉，因本来

▲ 清　金镶珠翠耳钳（一对）

尺寸：长5.5厘米

拍卖时间：2001年6月27日

估价：RMB 15,000

▲ 清　翡翠耳圈（一对）

翡翠种翡翠，绿爸均为鲜艳。

尺寸：2.6厘米

拍卖时间：2003年8月28日

估价：RMB 40,000

▲ 翡翠豆角钻石吊环（一对）

拍卖时间：1999年11月2日

估价：US$ 78,000～90,000

▲ 翡翠钻石耳坠

尺寸：18.5毫米×9.5毫米×6.5毫米

拍卖时间：2004年4月25日

估价：HK$ 860,000～1,200,000

▲ 翡翠钻石蝴蝶胸针
拍卖时间：1999年11月1日
估价：HK$ 12,500～14,500

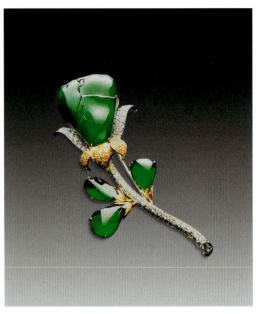

▲ 翡翠钻石花形胸针
拍卖时间：1999年11月2日
估价：HK$ 85,000～97,000

▲ 翡翠蝴蝶钻石胸针（上）
拍卖时间：1999年11月1日
估价：HK$ 6,500～7,800

▲ 翡翠钻石胸针（下）
拍卖时间：1999年11月1日
估价：HK$ 9,100～10,500

▲ 翡翠钻石胸针
拍卖时间：1999年11月1日
估价：HK$ 3,600～5,000

就不通透，只不过经酸蚀后填入水晶胶，当然更难透见纸上的字。

在用"照妖镜"分辨时，可视玉的透明度决定光源应在玉的上方或下方。水头短的或透明度低的，光源最好在上方；水头较长的，也可放在光源和滤镜之间来看。

还有人用翠玉以新仿古，除形制和纹饰刻意模仿外，还用烟熏、火烧、腐蚀等伪装手法；鉴别时应仔细观察表面的氧化层是否自然氧化。

七、人工处理翡翠的鉴别方法

1.巧妙区分天然色和人工色

实际上天然色和人工色的红翡翠是很难区分的，我们一般只能靠肉眼的感觉来区分。通常天然的红翡翠较为透明，色会稍差些，这是由于天然红翡翠的变色过程是在大自然界中缓慢进行的铁染，矿物有时间慢慢排列整齐；而快速的染色则无法做到。

2.染色

翡翠的价值主要由颜色定，但多数翡翠很少有绿色，大大影响售价。所以人们一直想尽办法来改变它。由于翡翠和玛瑙等宝石一样，均是多晶体的宝石，是由许多极微小细粒晶体组成，因而有人采用一种化学处理方法，将宝石浸泡在染色剂中，让有色溶剂逐渐浸入宝石孔隙中而使宝石致色，这就是染色。翡翠最常见的是被染成绿色和紫色。

染色方法如下：

选择适当的翡翠；

染色前先洗净其油污；

将洗净的翡翠放炉是烘干并让它稍微热涨；

浸入化学染料溶液中（如氧化铬盐溶液），稍微加温，染液就会浸入翡翠孔隙中。浸泡时间视翡翠种质而定，有的需长时间浸泡。

整个过程的原理是让染色剂慢慢渗入翡翠的颗粒间隙之中及其细微裂隙中，使翡翠呈色。

3.鉴别染色翡翠的技巧

有人说用陶氏滤色镜照一块绿色的翡翠，若它转变成红色，就说明这块翡翠是染色的，不变色就是真的。这种说法是非常机械的，并不一定准确。

我们知道陶氏滤色镜是一种滤色胶片，它只能让红光及橙色的光透过。染色翡翠所用的燃料通常含有铬盐，当它浓度很高时就会发出红光，在陶氏滤色镜下就呈现红色了。但若染的颜色不深时，铬盐浓度不高，在陶氏滤色镜下则呈微红，很难察觉。另外，即使天然的绿色翡翠有时也会含有少量的发出红光的物质，因此，如果用陶氏滤色镜去观察绿色翡翠要小心分析，它只具有指示作用而不能据此简单作出结论性的判断。

那么翡翠的天然绿色与染的绿色到底有何不同呢?我们已经知道了染色翡翠的成因，而天然翡翠之所以有绿色、白色、紫色，是因为组成翡翠的晶粒本身是绿色、白色、紫色的。因而我们看一块天然翡翠的颜色时，它的颜色和晶体是难以分出界限的，而经染色的翡翠，它原来的晶体是没有颜色的，经浸染而进入翡翠的染色剂是沿着晶体的粒间空隙或一些细微裂隙而渗入的，所以颜色和晶体分界明显。

八、翡翠A、B、C料的处理标记

我们知道，翡翠的组成矿物主要是辉石簇中的硬玉、或含硬玉分子（$NaAlSi_2O_6$）较高的其他辉石类矿物（如铬硬玉、绿辉石等），未经充填和加色等化学处理的天然翡翠通常被行内称之为翡翠A货。经过充填（通常是先用强酸强碱将水头不够或者瑕疵较多的翡翠"洗"干净然后充填高分子聚合物等）处理的称B货（这个"B"大多数理解都是从英文"Bleached& polymer—impregnated jadeite"——"漂白和注胶硬玉"而来）；翡翠c货（较易接受的理解是来自英文"Colored jadeite"——"染色翡翠"）是染色的翡翠，这种染色多半都是染成大众喜爱的绿色，当然也有染成紫色和黄褐色的；同时存在充填和加色处理的行内一般称为B+C货。A、B、C货并不是有些人误解的A级、B级、C级的"等级"之意，而只是表明翡翠是否被人为"处理"过的身份标记。

1.伪造方法

(1) A货：浸蜡处理

A货是指未经任何除抛光、切割、雕刻以外的方法加工的翡翠制成品，我们在天然翡翠中所看到的翠绿色，是阳光或白光中部分光质被翡翠吸收后反射绿色光质的结果，翡翠颜色要达到色浓、色阳、色正及色匀这四要件，需要有致密而光滑的表面，才能产生镜子般的反射光，可是翡翠常与其他物质混合而成岩石，因此组织构造欠均匀，磨光后的表面并非特别光滑；在放大镜下观察，能看出凹凸不平，反射能力大受影响。因此，表面处理是作伪者惯用的一种方法。为了改善光泽，填充表面破碎和不平之处，在蜡中浸泡是伪造翡翠的最后一道工序，常被用来"改良"抛光以后的翡翠成品，例如，一支手镯首先在温碱性水中浸泡5～10分钟，以清除抛光之后的表面残余，然后冲洗，晾干，接着将其浸泡于酸性液体中约10分钟。然后，再次清洗，晾干，再在沸水中煮5～10分钟，这时要控制温度，防止翡翠破裂，然后用预先融化的蜡浸泡手镯。这种做法通行多年，为多数人所接受允许，在玉器行业间称之为"A货"或"A玉"。

(2) B货：漂白注胶处理

翡翠漂白灌注胶料处理，早已盛行于玉市场，特别是台湾、香港及日本，无论高档货老坑种或低档花青种均有，曾有报导说高档货中有80%～90%均经处理过。其法包括两个主要阶段：第一阶段是漂白又称褪黄，即将已剖开成片状的翡翠原石或已琢磨完成的翡翠，以化学处理方法去掉棕褐色或灰黑色（可能是铁化合物填充在裂缝里所引起）。第二阶段是注入聚合物，甚至添加绿色色素。经由这两阶段处理的翡翠，通常称之为"B货"。到现在为止，这种处理只限绿色或白色翡翠，其他颜色的玉如紫或软玉还未发现。

漂白注胶之程序如下：

第一阶段：漂白。将翡翠原石（毛料），或剖成板状原石或已琢磨成形的翡翠如戒指面、坠子或手镯等，浸入化学药品去除存在于裂缝或粒子构造间的棕黄色铁化物。依多种资料显示，盐酸，果酸是最常用的漂白剂，其他纳化合物也常被用来漂白翡翠。依照翡翠受污染

的程度或污染源之不同，有的只要浸几小时，有的却要浸上几个星期才有效果。当所呈现的颜色已达最大的改善时，取出用清水不断清洗，也可用苏打水来中和残留在玉上的酸。至此尚属正常作业，许多宝石如祖母绿在琢磨前均经如此处理。

第二阶段：漂白完成后，裂缝或粒子间全部或大部分棕褐色污迹已清除，但会使白色或粉绿色脉纹更明显而难看。漂白过的翡翠因除去污迹还会留下孔隙，而呈现易碎裂状态，有的低品质漂白翡翠，只要手指用力就会捏碎。若不加以处理而镶成首饰佩戴，用不了多久，这些孔隙又会填满了脏物，更不美观，因此必须进行第二阶段作业——注入聚合物，有时只用蜡，但大部份是注入树脂，替代被除去的物质。有些技师将染料与聚合物一起注入，灌注完成后再将残余的聚合物除掉。

翡翠B货有以下缺点：一是易碎易折；二是老化褪色（时间通常为三至五年）老化后一文不值；三是优化过程使用化学腐蚀剂，佩戴在身有害无益。目前市场上还出现了用水玻璃或有机硅取代环氧树脂做加固充填材料，让人更难识别，而且还使翡翠本质遭到了破坏，难以弥补。

(3) C货：被覆处理

被覆处理的方法：是在白色次等玉（可用其他饰石如印度玉代替）的表面，包裹一层很薄的绿色胶膜，使原本无色的白玉，变成翠绿透明的"皇冠绿"。其实，已有一些宝石经由被覆处理的方法来改良宝石的颜色。比如刻面天然金绿玉的表面被覆一层绿色物质以冒充祖母绿；无色钢玉珠，在其珠拉被覆红色物质，星光无色蓝宝被覆塑料以冒充星彩红宝等。

九、翡翠A、B、C、D货的鉴定

1.翡翠A货及其鉴定

A类货，既是天然质地，也是天然色泽。选购与鉴别应从以下三点入手。

（1）谨慎判断、斟酌行事。因为矿藏和开采量有限而人们需求量较大，目前市场上很好的翡翠较少。特别是颜色翠绿，地子透亮的品种更是少之又少。

（2）通常如秧苗绿、波菜绿、翡色或紫罗兰飘花的品种最为常见。

（3）A类货在灯光下肉眼观察，质地细腻、颜色柔和、石纹明显；轻微撞击，声音清脆悦耳；手掂有沉重感，明显区别于其余石质。

2. 翡翠B货及其鉴定

翡翠B货目前在市场上最多，在很多大型百货、珠宝店和超市都很容易看到，旅游区则差不多都是B货。翡翠B货最起码的前提它是翡翠，只是翡翠B货是用质地很差档次很低的翡翠"漂白酸洗"再"充胶"而成，它有着与翡翠A货相同的折射率、硬度（摩氏硬度6.5～7，很多卖B货的商家用B货划伤硬度只有5的玻璃以表明其是"真货"。其实A货和B货都能轻易划伤玻璃，而且硬度测试属于有损鉴定，在成品珠宝的鉴定中不宜采用，通常只在没有加工的原石或者矿物鉴定）和重叠的密度，因此折射率、密度、硬度这三项对区别A货和B货是没有作用的。因此，应该从以下几个方面鉴定：

（1）颜色方面

漂色过的翡翠，它的颜色大多显得较鲜艳，不太自然，有时会使人感到带有黄气。

（2）光泽方面

具有树脂的光泽，未经处理的天然翡翠，呈现的是玻璃一样的光泽。翡翠B货时间一长则会因为"胶"的老化而变得光泽暗淡、整体干裂而易断裂，但随着处理技术的不断发展，现在很多B货存放三到五年光泽也不会变暗淡，而且在配戴初期因为人的皮肤摩擦看起来甚至还有光泽变好的错觉。许多翡翠B货看起来往往都比较干净而无瑕疵，光泽暗淡（洁净及良好的透明度可能会给人光泽好的错觉，但因其有机充填胶的存在，其光泽肯定比翡翠A货差），结构松散无翠性。

（3）结构方面

翡翠B货结构显得松散，有晶体被错开、移位，证明晶体结构受到破坏。在实验室鉴定，主要就是放大看其内部结构，A货有粒状纤维状交织结构，而B货因结构受酸洗变得松散，但松散的结构常常又被充填的树脂很好的掩盖了。

（4）比重方面

B货会比原来没有经处理的同种翡翠轻一些，但这并非绝对的，因为每件翡翠本身的比重也是有上有下的，因此只能作为参考。

（5）紫光灯下的反应

普通B货在紫光灯下具荧光性，但引起荧光性或压制荧光性的因素较多，因此使用荧光灯观察宝石或翡翠的荧光性时，不能机械地使用。通常经处理的翡翠内灌有环氧树脂，而环氧树脂大多具有荧光性，可以作为一种参考的资料。有的B货也看不出荧光性，所以要根据其原来的颜色详细分析方能作出结论。

（6）用显微镜观察

这是最可靠的鉴定方法，在放大30～40倍的显微镜下观察翡翠的晶体结构是否遭到破坏，也就是人们常说的玉纹是否遭到破坏。若遭到破坏，就可以证明这是经过人工处理的翡翠，有的还能见到里面存在的树脂，当然观察鉴定的人必须对翡翠的原生结构有完整的了解，才能作出正确的评判。

（7）用特制的红外吸收光谱仪鉴别

这种特制红外吸收光谱仪，能够测出翡翠中是否含有环氧树脂，从而鉴定所检测的翡翠是否为B货。这是因为含有环氧树脂的翡翠与天然翡翠的红外线吸收光谱，图像明显不同。对于那些做工极为逼真的B货，只能用红外光谱仪检查，通过观察是否有"胶"的吸收峰来判断是否有过注胶处理。在2003年10月中华人民共和国国家标准GB／T16552—2003（之前国内执行的是GB／T16552—1996，下简称"旧国标"）颁布以前，翡翠B货的"旧国标"定义是要注胶的才算是B货，漂白酸洗被定义为优化，也就是说只漂白酸洗不注胶的翡翠仍然被"旧国标"定义为A货，这使很多不良商家因此钻了法律的空子。令我们欣慰的是新的"国标"（GB／T16552—2003）重新定义了翡翠B货，认定只要是漂白酸洗过的翡翠都可以定义为翡翠B货。

（8）声音

对翡翠品质及等级之鉴别，古有明训六字诀：色、透、匀、形、敲、照，为玉器行业常挂在嘴边的座右铭，其中"敲"在鉴别B货中用场更大。因为"充填胶"的存在，用硬物敲击翡翠B货手镯时通常发出沉闷的声音，而敲击A货手镯时大多数会听到清脆的声音。当然，这种鉴定只能是辅助性的，不能据此做结论，现在已经有用特别充填胶做的B货敲击时同样声音清脆，而质地较差或者有裂的翡翠A货，敲击时声音反而不怎么清脆，同样质地没有裂的翡翠A货手镯，条子扁型的敲击时比圆型的更清脆。而且敲击也要讲究技巧，不能用手直接接触被敲击的手镯敲，这样会让所有手镯的敲击声都变得沉闷，要用细线或细绳吊住手镯敲。

（9）用盐酸试验

将纯盐酸滴一小滴在未经处理过的翡翠上，观察数分钟（约1～20分钟），会有许多（小圆汗珠）围着小滴处。当以同样的方法测试漂白注胶翡翠时，则无该现象。注意，在干热的地方，特别是在冷气房作这种测试，因盐酸会在你看到反应之前蒸发掉，因此必须不断地滴盐酸。

（10）红外线光谱仪

这种设备通常在研究或学术机构才有，价钱昂贵且操作不易，一般珠宝鉴定实验室会有此设备。这种设备对鉴定翡翠是否经注胶处理，最具有准确性。

另外，民间也有用头发绑在玉上烧以鉴定翡翠真假的方法，这种做法既不科学也很难操作，如果操作得好，只能区别导热性明显不同的两种物品，比如塑料和翡翠玉，绑在导热性差的塑料上的头发一烧就着，而绑在导热良好的翡翠上的头发被烧时热量会迅速传到翡翠上而不被烧着。但若稍微操作不当，绑在翡翠上的头发也很容易被烧着；再者，翡翠A货和B货的导热性相差无几。充填进去的胶对翡翠B货的导热影响很小，若充填导热性比翡翠还高的胶，其导热性理论上甚至还会提升，所以普通消费者最好少用这种方法鉴定翡翠是否B货。

3. 翡翠C货及其鉴定

若用器械鉴定，C货的鉴定比B货鉴定相对容易。我们先了解A货翡翠的致色原理：铬是翡翠产生绿色的主要致色离子（铁本身也产生灰绿色调），绿色翡翠A货的吸收光谱表现为在红区的690（强）、660（中）、630ns（弱）吸收线，染成绿色的C货的吸收光谱表现为在红区650ns附近有一明显吸收带。翡翠早期大多采用成本很低的铬盐染色，用查尔斯滤色镜（也称"翡翠照妖镜"）观察会呈现红色，而A货在查尔斯滤色镜下依然表现为绿色，因此一镜在手就很容易分辨A货还是C货，但这种铬盐染色的C货制作法现在基本没有人用了，现在用有机染料染色的C货在查尔斯滤色镜下和A货的表现相同，"照妖镜"在这种C货面前毫无效果！所以在查尔斯滤色镜呈红色的翡翠肯定是C货，而呈绿色的就还需进一步鉴定才能做判断。看结构始终是最好的方法，不过这也是有经验的鉴定师才能较好的掌握，C货的绿色大部分均匀而呆板缺乏"灵"气，颜色绝大多数都靠边，粒状显示没有色根，染上去的颜色都会延裂缝分布。C货的绿色时间长会泛黄色，用太阳照反应会更快。另外，市场上也有很多染成紫色和褐黄色的C货，它们的鉴定用分光镜毫无用处，只能看结构。在实际鉴定中，会发现有些人在手镯的表面残留了一些绿色的抛光粉（氧化铬），数量不多，会使本来没有色或者浅绿色的手镯看起来更绿，用10倍以上放大镜轻易就能看出。

C货也可以通过目测来进行。C货因为在加工过程中会破坏玉的原有结构，造成很多细微的流纹和裂绺，与翠玉天然的细微波纹截然不同。作伪者就是利用这些小裂纹把假色渗进翠玉内，因为假色由外向内渗透，所以其外表部分必然较深色，内部则较浅色。若是把C货置于10倍放大镜下细看，便可看见小裂纹处翠色很浓，而没有小裂纹处翠色便很淡、很少、很浅，甚至没有，所以在放大镜下C货的绿色是呈丝状的，翠青并非天然而均匀地浑然一体。但是这种鉴定方法对于那些处理较好的C货就很难辨别。

4. 翡翠D货及其鉴定

翡翠D货也叫"穿衣翡翠"，镀膜的D货翡翠并不多见，只在实验室的标本和在中缅边界的流动小贩手里看到过，大多是粒度较小的戒面，透明度很差，在怀疑的戒面用小别针轻轻一挑，如果D货"衣"会被挑破，A货则不会，或者10倍以上放大镜仔细看，通常可以看到包装时D货们相互碰撞后碰破的"衣"。

▲ 翡翠笸箩纹烟壶

尺寸：高4.2厘米　拍卖时间：2005年5月18日　估价：RMB 150,000-200,000　成交价：RMB 150,000

▲ 翠雕云龙纹鼻烟壶

年代：清　尺寸：高5.5厘米
拍卖时间：1998年8月3日
估价：RMB 200,000-300,000
成交价：RMB 198,000

▲ 翡翠鼻烟壶

年代：清　尺寸：高7厘米
拍卖时间：1998年8月3日
估价：RMB 200,000-300,000
成交价：RMB 198,000

▲ 翡翠鼻烟壶
年代：清　尺寸：高5.4厘米
拍卖时间：2005年9月20日
估价：US$ 2,000-3,000　成交价：US$ 2,640

▲ 翡翠雕花鸟鼻烟壶
年代：清　尺寸：高5.3厘米
拍卖时间：2005年9月20日
估价：US$ 7,000-9,000　成交价：US$ 24,000

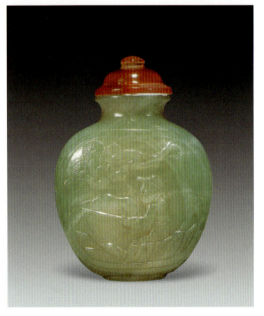

▲ 翠玉开光雕松下老翁鼻烟壶
年代：清晚期（1820-1880）
尺寸：高5.5厘米
拍卖时间：1997年4月28日
估价：HK$ 20,000-30,000
成交价：HK$ 19,550

▲ 翡翠鼻烟壶
年代：清晚期（1820-1880）
尺寸：高6厘米
拍卖时间：1997年4月28日
估价：HK$ 380,000-450,000
成交价：HK$ 437,000

▲ 翡翠鼻烟壶
年代：1750-1850
拍卖时间：1992年10月28日
成交价：HK$ 550,000
拍卖公司：苏富比香港拍卖公司

▲ 翡翠雕花卉纹葫芦形鼻烟壶
年代：清乾隆
拍卖时间：2003年10月26日
估价：HK$ 300,000-500,000
成交价：HK$ 624,000
拍卖公司：苏富比香港拍卖公司

▲ **翡翠荷叶洗**
尺寸：长13.5厘米　宽13厘米
拍卖时间：2003年12月28日
估价：RMB 140,000　拍卖公司：深圳艺拍

▲ **翡翠素身圆盒（一对）**
尺寸：直径4.8厘米
拍卖时间：1985年5月22日
成交价：HK$ 308,000
拍卖公司：苏富比香港拍卖公司

▲ 翡翠盖盒

年代：清

尺寸：高5.5厘米　内径2厘米

估价：RMB 120,000-150,000

▲ 翡翠山水纹笔筒

年代：清　尺寸：高21厘米

拍卖时间：2005年5月18日

成交价：RMB 330,000　拍卖公司：中鸿信

▲ 翡翠狮钮印章

尺寸：高3.8厘米　宽1.4厘米

拍卖时间：2005年11月14日

成交价：RMB 308,000

拍卖公司：中国嘉德

▲ 翡翠山水笔筒

年代：清

尺寸：高10.3厘米

拍卖时间：2002年4月22日

估价：RMB 150,000-200,000

▲ 翡翠钻石开信刀
拍卖时间：1999年11月1日
估价：HK$ 9,000-10,500

▲ 黄金翡翠烟嘴
年代：1920年代
拍卖时间：1997年4月30日
估价：HK$ 364,000-416,000

第四章

翡翠仔料赌石的特征和识别技巧

FEI CUI ZI LIAO DU SHI DE TE ZHENG HE SHI BIE JI QIAO

一、翡翠仔料的外皮种类和特征

1.翡翠仔料外皮的种类

常见的翡翠外皮按外观特征可分成五个类别：蜡状皮、砂状皮、水皮、半山半水皮、水翻砂皮等。

(1)砂状皮的种类和特点

砂状皮外表粗糙，无光泽，砂粒突出，比较松散，皮层较厚，是发育和保存最为完好的风化皮。常见的砂状皮有黄砂皮、白砂皮、铁砂皮、乌砂皮、石灰皮、白盐皮等。

①白砂皮和白盐皮

皮色白或为浅灰色，砂粒常常突出，较疏松，白砂皮内部通常无绿色，或有淡绿和浅紫色。砂粒细致，似细盐粒一般，并且砂粒翻挺，玉内品透明度较好。

②黄砂皮

常为土黄色、浅黄色或褐黄色，皮多比较厚，砂粒也较粗大，一般认为是比较好的仔粒外皮，会有较多的绿色。皮上如果见绿的色根，绿色通常较好，可成艳绿的根色或面积较大的全色。

③红砂皮

红砂皮也称铁砂皮、铁壳，常为红褐色、褐色，也有人认为似黄鳝皮的颜色，这种皮较坚硬，不太厚，仔料形状多有棱角，滚圆程度较差，产量也不高。行家认为，红砂皮说明翡翠的种很老，即质地致密且水头好。若外皮不仅砂细，而且还能见到松花和黑色条带，则表明内部水好且有高翠。

④乌砂皮

其颜色呈黑色、黑灰色，有的带有绿色，砂粒不太明显，皮层较紧密，稍微带有蜡状光泽。

乌砂皮玉料的好坏最具争议性，其内部可能是老坑玻璃种，颜色集中，质地干净透明，但是也有可能虽有颜色，但黑点多，裂纹多。曾有翡翠专家认为，乌砂皮玉料的质地大多数带灰黑，水头不好，并且大多数乌砂玉的绿色不集中，呈星点状分布，很难使用。

通常认为，乌砂皮仔料内部多有绿色，是好的皮色。因为黑色可以掩盖其他的颜色，因

▲ 高绿翡翠料

此假如在乌砂皮上可以看出绿色，则表明内部的绿色多而浓。

但是，现在从砾岩中开采出来的翡翠仔料大多都有黑色的皮壳，而仔料的质量千差万别，从砖头料到色料都有。这种黑皮可能已经不是原来意义上的乌砂皮了。

⑤石灰皮

石灰皮是一种极细粒的白盐皮，像石灰，厚薄不一，行家认为，如果石灰皮均匀紧密，则可能指示玉肉为玻璃地。

(2)半山半水皮和水翻砂皮

水翻砂皮又被叫作"水地砂皮"，是磨圆度好的椭圆形翡翠仔料具有的一层砂状风化皮。这是由于原来冲积层中没有皮的翡翠砾石，是地质运动、地貌及气候变化和化学风化等共同作用造成的，多见于砾岩中上层离地表较近的翡翠砾石。水翻砂外皮的特点是砂粒明显，皮硬而薄。

半山半水皮与水翻砂皮的成因过程正好相反，是原来风化皮非正常发育的仔料，受到水流的侵蚀，使风化皮部分磨蚀形成的。其表面光泽，具有残留的风化皮。

水翻砂皮和半山半水皮对仔料内部玉质的反映更为直接和明显。

(3)蜡状皮

蜡状皮是一种奇特的翡翠仔料外皮，它不仅光滑、坚硬，颜色多样，厚薄不一，而且还具有蜡状的光泽。

蜡状皮依颜色和厚薄被分为黄蜡皮、红蜡皮、白蜡皮、黑蜡皮和大蒜皮。蜡状皮的颜色与仔料在砾岩中的位置相关，近地表的砾岩经风化成为红石层，该层中的翡翠仔料大多为红蜡皮，较深部分的黑石层产黑蜡皮。

行家认为红蒜皮是一种好仔料，皮色白中带红，其玉肉不仅色好水好，而且可能有满绿，价值尚好。

(4)水皮

水皮即水石的外皮，因为水流浸蚀而成，皮薄如纸，皮色有黄皮、绿皮、白皮、蜡肉皮、黑花皮、笋叶皮、麻花皮。皮与玉肉的质地相同，皮粗肉粗，皮细肉细，大多一眼即可看清。内部的颜色及裂纹也较易观察。

▲ 可做满色手镯翡翠料

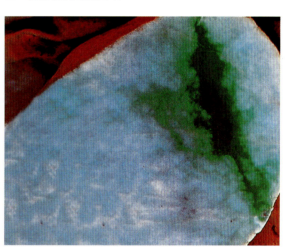

▲ 带状黄阳绿翡翠料

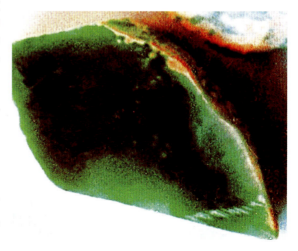

▲ 暗绿翡翠料

2.仔料外皮的特征

外皮由翡翠风化而成，虽然与新鲜的翡翠在化学成分和物理性质上差异较大，但是仍然保留有可以反映内部质地的特征。

山石的外皮是最完整的风化产物，可以根据其特征，分辨出外皮的粗细、均匀、松紧和翻板等，据此了解翡翠内部的质地。

(1)外皮的粗细

根据山石的外皮可以将其组成砂粒的大小和形态分成三大类：糠状皮、盐状皮和粉状皮。砂粗反映其内翡翠的颗粒也粗，反之亦然。

①糠状皮

糠状皮是指砂粒呈长柱状或者纤维状，且多孔、泡松，具有交织状的结构，形似米糠，颜色多呈黄至黄褐色。根据糠状皮的粒度大小，可将之分成粗糠皮、中糠皮和细糠皮。

②盐状皮

盐状皮的砂粒为粒状，粒度较细糠皮小，与盐粒类似，所以称之为盐状皮。

③粉状皮

粉状皮是指由细如粉末的砂粒所组成，多显灰白、黄色等颜色，也被叫作"石灰皮"。

粗糠皮的玉内必定是晶粒粗大的豆种，通常透明度差，但也有像芙蓉种那样接近半透明的品种。外皮上的砂粒越细，玉内的结构也越细，粉状皮若均匀紧密，则可能成玻璃地。

(2)外皮的松紧

皮松者，其外表的风化层通常很厚，皮质粗糙，用手指搓搓，大多会有砂粒脱落，通常反映其玉肉地子较粗糙，透明度不好。

皮紧者，外皮的结构紧密坚实，用手指很难搓掉，最紧密的用指甲，甚至小刀也刮不掉，皮紧者一般说明其玉肉质地紧密，并以硬玉成分为主，质地可能较好。但还要观察其他的特征，如砂粒大小、翻板和皮色等其他因素。因为砂粒结合的紧密与否还与风化皮的厚薄和保存程度密切相关。现在开采出的大量翡翠砾石都属于松紧类型，但是质地差异往往很大。

(3)外皮的翻板

"翻"是指外皮的颗粒挺直或斜撑，侧看参差不齐，砂粒尖好像芒刺，手指搓糙手感强，如果加上皮紧，手指会感到刺痛，甚至被割破，这是质地好的表现。有人认为：当仔料中含有钠长石时，钠长石会先风化成高岭土，而硬玉则以砂粒保留下来，使硬玉晶粒突出，这种仔料透明度不会太差。

▲ 翡翠老牌
年代：清
尺寸：高6.5厘米　宽4.5厘米
估价：无底价

▲ 翡翠钻石项坠
尺寸：高3.6厘米　宽2.3厘米　厚0.6厘米
估价：RMB 300，000

"板"是指外皮上的颗粒平板，侧看砂粒平卧，用手指搓糙手感较弱。砂板的玉种不好，常常是受到强烈的动力变质作用形成的，有些薄皮的仔料，如果皮薄像纸，外皮紧密，用刀刮不掉砂粒，玉内的质地就较好。因为皮薄说明已没有翻起的空间，加上砂又细，因此不必要求一定要翻挺。

水石的风化层通常都被侵蚀掉了，只留有砂根，砂根是内玉肉质地的直接反映，与观察新鲜玉肉区别不大。

仔料外皮的特征与质地的关系，被业内人士总结成了一套广为流传的口诀：

砂粗肉粗，砂细肉细，砂匀肉匀，砂净肉净，砂硬底硬，砂乱底毛，砂泡底嫩，砂铁肉亮，砂板底木。

二、翡翠仔料的半风化层——雾

"雾"是翡翠行家对仔料外皮与新鲜玉肉之间的水浸半风化层的称呼，雾与肉界限一般很明显，但两者在矿物成分和物理性质（如硬度、折射率等）差别不大，有雾的地方，外皮与雾之间常有一块厚度不等的过渡区。雾的厚度变化较大，通常在1厘米左右，也有达数厘米的，

▲ 翡翠老场石桥乌场口冰种料
尺寸：高3.6厘米　宽2.3厘米　厚0.6厘米
估价：RMB 300，000

玉质差的，雾则较厚。雾有不同的颜色，如白、黄、黑、密黄、红褐红，被分别称作白雾、黄雾、黑雾、红雾、牛血雾。根据行家的经验：从雾的颜色也可以看出玉肉的质量，白雾和黄雾表明玉质好，红雾次之，黑雾最差。

白雾又称作"包皮水"，也叫"水浸"。其特点是从外皮向内部浸入的一种灰白色调，受

浸部位透明度会有所提高，若翡翠原来为不透明的干白地，有雾的地方透明度会显著提高，可能变成半透明状的灰水地，同时会增加灰色调，若原来颜色较鲜艳，水浸之后绿就会发灰，成为暗绿，甚至变成油青色。因此雾有时会影响对仔料的全面认识。

若仔料的外皮上显出雾的颜色，这种情况通常被称作"雾跑皮"，行家认为"雾跑皮"的仔料玉肉会显灰色，影响绿色的鲜艳度，是不好的征兆。

若仔料的黄雾、红雾厚，可以作为红翡应用。黑雾，若色黑均匀，质地尚佳，则可作为墨翠的原料。

三、翡翠仔料外皮上的花纹

仔料外皮的颜色与内在的颜色大多没有明显的联系，很难用来判断仔料颜色的多少、分

▲ 翡翠原料

▲ 丝网绿

布特征和色调。不过在仔料皮壳上常可见一些与颜色有关的现象，也就是人们常说的花纹。常见花纹有：松花、蟒带、碳质黑带和癣等。正确地认识这些花纹，是购买仔料最为基本的前提。

1.癣

"癣"是露在玉石表面的角闪石风化而成。癣是危害翡翠仔料最大的毛病之一。

癣对绿有破坏作用，即所谓的"黑吃绿"，是不好的一面。但另外一面是，常常有癣就绿，翡翠具有"黑随色走"的规律。因此有癣又表明有绿存在，这是一个可以利用的有利方面。因而对出现的癣要具体分析，要把它作为认识仔料内部质地的重要特征看待。癣的种类很多，从颜色上看，可分为黑癣、灰癣和绿癣，从深入延展性上看可分为深入内部的"直癣"和对内部影响较小的"横癣"。从形态上看则可分为"马牙癣"、"鼠蟒癣"、"猪鬃癣"。

癣在仔料上除了会表现出一定的颜色之外，还会内凹，出现凹槽凹坑，其形态有点状、槽状、补钉状等。

癣和绿紧密相随，会严重影响翡翠的质量，如果癣遍布仔料，那么该玉石就没有多少可以利用的了。

如果癣呈一条凹槽，在翡翠内部往往成脉状，这种癣对翡翠的影响较小，选料时可以避开。

"癣"与另一种花纹——"松花"的区别主要是：癣主要成黑色、深绿色和灰色，松花则成绿色、带蓝色调的绿色。癣的颜色沉暗，而松花的颜色较鲜艳。

2.松花

"松花"是指翡翠外皮上呈现的绿色，是玉石的内部颜色在外皮上的显露。松花越密越好，颜色越鲜艳越好。具有松花的外皮，其砂粒(即没有完全风化的硬玉颗粒)通常表现为绿色，当砂粒稍大时直接用肉眼即可看见，但是细小的松花必须用放大镜看才能看到。松花是内部绿色的最可靠的标志，通常来说，外表少松花的仔料，内部则无绿色。

仔料外皮上出现的颜色有的明显，有的不明显，不明显的主要原因是因为风化层过厚或

内层"雾"的影响，这种很难判断其色调。对表现明显的颜色，则要分辨出是何种颜色，是否达到高色高翠的标准，若是蓝绿、灰绿或油绿，那么就是不好的绿。

若松花遍布仔料，则是绿多的表现。若松花仅出现在仔料的一面，就算很集中，也可能是毫无用处的"靠皮绿"的表现。

若松花形成带子状，环绕仔料周身，则是最好的"带子玉"。

3.蟒带

"蟒带"是指一种特别的"纹带"，即翡翠仔料外皮上的带状迹象，有的与颜色有关，有的与颜色无关，蟒带的表现既可以很明显，又可以若隐若现，较难识别。

若出现绿色的蟒带，在外皮上呈凸出的条带或呈内凹的条带，说明是好的玉相。相对来说，凸起的蟒带表示绿色的翡翠较周围无色或浅色玉肉的结构更为细密，水头更好。而下凹的蟒带则相反，其绿色玉肉的质地相对于周围的玉质可能更加粗疏，甚至伴有裂隙，要多加小心。

蟒带若呈现其他的颜色，如白色、黑色、桔红色、灰色等，则不一定是绿色的标志，黑色的蟒带是角闪石脉的表现，可以说是成带状的癣，不指示绿色。因此，对此蟒带要格外的谨慎，要仔细观察，若在蟒带上发现松花，则可能成为"带子玉"，是最具有可赌性的仔料。

若蟒带中绿黑相伴，则是癣夹绿的情况，色与癣难以分开，则不是好玉。

蟒带也可能是无色的"玉筋"，是质地与周围玉石不同的条带或脉体，并没有绿色。

四、翡翠仔料的绺裂和识别

仔料中若存在绺裂就会对玉石的利用造成很大的危害。较大型绺裂往往会影响到仔料的形状，但是，小型的绺裂在外皮上大多没有反应，需要根据开口或擦口进行观察。

从形态上看，翡翠的小型绺裂有格子裂、雁行裂、直裂、鸡爪裂和马尾裂等。其中格子裂、鸡爪裂和马尾裂因列隙密集、危害性非常大，甚至会毁掉整块玉料，不可利用。因此，应仔细辨别。

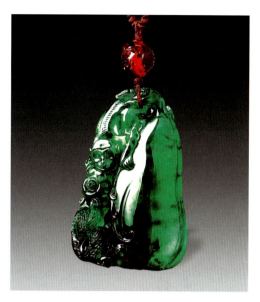

▲ 翡翠猴戏挂件
年代：清
尺寸：长4.8厘米
拍卖时间：2005年8月14日
成交价：RMB 82,500
拍卖公司：中拍国际

1.绺裂的类型

(1)明显的绺裂

仔料上可见到各种绺裂甚至已经破开的裂纹，有的风化严重，而且有一定厚度的风化层，即外皮，所以这种裂隙也被叫作"夹皮绺"；若裂隙贯穿了整个仔料，上下贯通，便称之为"通天绺"。若有二个或三个方向的裂隙成垂直交叉或近于垂直的交叉，便称为十字绺；半开口成群出现的小绺裂，通常称作碎绺。若在仔料上只能看见纹路，没有颜色，也没有开口，则通常称之为小绺或合口绺。

(2)隐蔽的绺裂

小的绺裂或合口绺，在仔料外皮的遮掩之下很难直接观察到，但因具有绺裂的位置风化作用一般比较强裂，因此有可能在仔料的形状上表现出来，下列仔料形状，就可能指示仔料内部存在绺裂。

台阶式：仔料若具有各种形态的台阶状外形，无论其台阶形的大小显著与否，都可能指示沿台阶水平或垂直的两个方向容易出现绺裂。

沟槽式：仔料若具有各种深浅的沟槽，沿

沟槽方向就很有可能出现裂隙。

交错式：仔料若具有两个相对的斜状皮面相交，则表明在两斜坡面交错处可能存在与坡面成同方向的裂隙。

2.绺裂对翡翠的影响

下面介绍几种对翡翠影响很大的绺裂：

随绿绺：即指沿着翡翠绿色带发育的裂隙。如果随绿绺较大，并导致仔料破裂，使整个破裂面都成为绿色，但这绿色会极其薄，俗称"靠皮绿"。此外，随绿绺会对翡翠的利用造成非常坏的影响，这是在购买仔料时一定要加以认真考虑的问题，要避免只追求"绿"，而忽视"绺"的危险，给自己造成经济损失。

截绿绺：即把绿色色带拦腰截住的绺裂。当仔料上存在与色带倾斜或垂直相交的绺裂时，就要留意是否可能造成"截绿绺"。

错位绺：错位绺尽管也会把色带截断，但只是错开位置，另一半色带仍然在同一仔料内，

▲ 玻璃翡冰种佛挂

▲ 翡翠盖碗

年代：清
尺寸：直径11.4厘米
拍卖时间：2000年10月30日
估价：HK$ 600,000-800,000
成交价：HK$ 4,225,000
拍卖公司：佳士得香港拍卖公司

对绿基本上无损失。

五、翡翠仔料做假的类型和识别

翡翠市场上，大多数翡翠仔料都会被不同程度地切磨掉仔料的外皮，以暴露出内部的质量，让购买者在购买翡翠仔料时可以更为直观地判断翡翠原料的质量。去掉仔料外皮的方法有两种：一种是在仔料的局部磨掉外皮露出玉肉，并抛光，这种方式称为"水口"；一种是从仔料的一端切下一小块，并把切开的面抛光，这种方式称为"开口"。水口和开口的目的都是为了展示仔料外皮下面优良的质地和绿色。但是，实际上有翠有水的翡翠很少，在利欲的驱使下，就产生出许多对水口和开口进行改造、伪装的方法，蒙骗欺诈，使翡翠原石交易布满了陷阱。

1.翡翠仔料做假的类型和方法

识别仔料做假是购买翡翠的头等大事。和翡翠成品的人工处理一样，翡翠仔料做假的种类也多不胜数，做假手法也越发高明，识别难度也更大。常见的做假类型有：

（1）假皮假料

▲ 翡翠狮纽环耳三足炉

尺寸：高24.2厘米

拍卖时间：1991年10月30日

成交价：HK$ 10,340,000

拍卖公司：苏富比香港拍卖公司

这种形式的做假是将各种石头，如染绿色的石英岩、花岗岩砾石或者劣质的翡翠山料加以改造，先使其外形像卵石，然后在外表做上假皮。制作的方法是：用水泥与各种砂土混合，然后抹到石头的表面，在未干之前用细碎的翡翠颗粒撒在上面。除了用水泥做粘结剂外，也常用各种胶水。为了使其更加逼真，他们常常会把做好假皮的石头埋在地下。

(2)天窗盖帽

这种形式通常是赌货切开后发现里面没有翠，或者底差，于是就原封不动粘合起来，再在粘合线及附近做上假皮，使之天衣无缝。这种石头从外表上看还以为是高档玉料，价值很高。因而收藏者对高档玉料要更为小心。有怀疑的地方，不妨用小刀刻划，找出粘合线。若货主不让用小刀刻，也可将高档玉料放在热水中，如有粘合，就会有气泡不断地从粘合线往外冒。若气泡只是静止地附着在仔料的表面，则不指示有粘合或者假皮现象。

(3)假开口

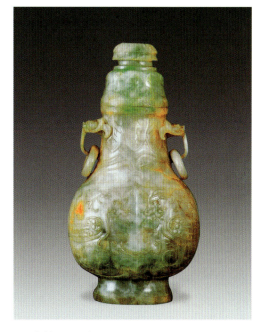

▲ 翡翠双环耳瓶

尺寸：高27厘米

估价：RMB450,000-550,000

假开口是使开口上的颜色和质地看起来很好，以达到蒙骗的目的。假开口的方法有：

①贴片假口

在仔料的开口和盖子处各自贴上一层水好色好的翡翠薄片，再在粘接处做上假皮掩盖，也可以用无色或色差的贴片，在其背面涂上绿色。这种情况鉴别时，泡在热水中会有气泡冒出，用小刀刻划能找出缝合线，用聚光手电照射，光线会被粘合层反射，透不进去，并且感到颜色不是在开口的表面，而在内部。敲击开口会出现沉闷或空洞的声音，同时也可观察皮的特征是否自然，是否与开口上的质种一致，从中也能发现识别的线索。

②镶块假口

是指用一块小的质地较好的翡翠仔料，嫁接到质地低劣的大仔料上，并把小仔料切成开口，来制造假象，让人觉得整块玉料的质地都不错。这种形式的识别方法和前面差不多，鉴别时要注意有没有假皮，敲窗口听一听敲击的声音，泡在水里看有没有气泡，或等待湿润的仔料风干，假皮干燥的速度较慢，会留下印迹。

③挖空涂色

对透明度好的翡翠，在靠近开口的附近钻孔或挖空，在孔中涂上绿色、垫入锡纸、有的还要加上铅块，然后把孔堵上，做上假皮。从开口处看，会误以为内部有绿，叫人上当，因此，对切口上没有绿，而内部有绿的仔料，鉴别时要加倍小心。通常来说，如果内部有绿，又开了口子，货主都会尽最大可能把绿暴露出来，而不是让它若隐若现。

(4)假水口

假水口的做法是在仔料的表面上镶嵌一块色好水好的翡翠贴片，然后做假皮遮掩后，再将贴片的假皮擦掉，制造出假水口。一块仔料上的假水口一般只有一个，所以，假水口的仔料往往只有一个很好的水口。这种情况本身就不符合擦水口的常理，可以说明这块仔料不好。

(5)染色仔料

染色仔料是指用绿色染料涂在乌砂皮仔料的表面，呈不明显的绿色，冒充内部高翠。仔细观察会发现染料在裂隙中浓集，在滤色镜上变色等染色的特征。

(6)假蟒带

这种形式是指用绿色的胶涂在仔料水口上，也有的在仔料上擦出一条凹槽，在槽内涂上绿胶，假冒蟒带。

(7)假爆青

这种形式也可以用炝色的方法在水口或者开口上染上颜色。绿色胶好似涂膜翡翠，用硬物即可划破，染色水口的特征与染色翡翠一样。

2.假仔料的鉴别方法

翡翠原石的鉴别有其特殊性，一方面受到交易现场的时间限制；另一方面又受到条件的限制，实用的鉴别方法必须能够应付这两个不利的条件。

(1)仔料开口和水口的观察和分析

仔料的开口和水口所呈现的质地和色彩，通常能反应仔料内部质地的特点，可以作为判断依据。但是如果仔料的开口越小，或者水口越少，对仔料其余部分的质地和颜色的情况也就很难判断，那么仔料也就越不值钱，所以，销售者会尽量地把能够显示好的质地都用水口或开口显示出来。但下列情况有悖这一常理：

①大玉石开小窗擦小口

出现这种情况可能是裂纹较多，或者绿太少，或者是假口，要根据情况具体分析。但这种仔料一定有问题。

②开口、擦口不抛光

去皮、开口或擦口在光照下颜色鲜艳，但不抛光，是因为如果抛光，其中的缺陷就会暴露无余，这种情况表明通常是有绿夹黑，绿色调不正或者微裂多等毛病。

③无盖子

无盖子是指玉石切开口子时会切下小块，即为开口的盖子。盖子与开口是能够吻合的，交易的规矩是盖子与玉石一起卖。若开口没有盖子，说明盖子上可能有大块绿，而且开口的大料上的绿比盖子上的少，依此可以得出绿色在大料中不会深入的结论。因此，没有盖子的玉料，绿色不多。

④大片绿

大片绿是指切口或外皮上一大片都是绿，但是又不开成明货的情况，这时要小心会不会是膏药绿。如果里面都是绿，按常理要开成明货，以实现最高价值，加上这种玉石要价很高，如果只是薄薄的一层绿，经济损失会很惨重。因此翡翠行里有"宁买一线，不买一片"的说法。

(2)假皮的观察和分析

仔料做假的方式很多，手段极为巧妙，加之在选购时，没有足够的测试设备和方法，因此，仔细地观察和思考，对各种现象进行综合分析，是鉴别仔料的第一步。

①观察外皮上砂的特征

天然仔料的外皮砂粒有某种排列方向，而且颗粒的晶形较为清晰，并具有风化残余的痕迹，观察砂的分布是否均匀。假皮上的翡翠砂料，排列无方向性，也不均匀，呈碎屑状，无晶形，也不是风化造成的残品状，有时还可见有云母、石英等颗粒，甚至有用黑钨矿碎屑充当癣，黑钨矿颜色更黑，光泽又强，与癣差别很大。

②观察水口或开口位置上皮与玉的界限

天然仔料的外皮与玉肉之间有一层过渡带，但是假皮与玉肉之间大都无此过渡带，直接贴在玉肉上，界限很明显。

③观察仔料外皮的结构

不要因为仔料有了水口、有了开口就不留

心仔料外皮的观察，而是要把外皮结构的观察，特别是砂粒大小和形态仔细观察，并且与水口或开口的玉质进行对比看两者是否一致。如果不一致，就有造假可能。

④观察裂隙

裂隙是影响仔料质量的重要因素，但在观察裂隙时，不仅要注意其对质量的影响，还要看裂隙与水口、开口和外皮之间的关系是否合理，不合理的情况通常有：

a.裂隙被绿色截断，外皮上的裂隙到达水口处便消失在绿色之下，说明水口有假。

b.水口或开口上明显的裂隙在外皮上却未见反映，说明外皮有假，当然水口同时也是假的。

c.裂隙内有绿色，说明有染料充填在裂隙中，仔料已被染色。

⑤观察颜色

颜色是选料最为看重的因素，但在观察时，不仅要留心颜色的价值，还要分析颜色是否在水口或开口的表面，开口与盖子上的颜色是否相同，颜色与玉质是否相配，绿色中可否看到翠性等。

(3)假皮的简单测法

除了仔细观察和认真分析之外，还可以借助一些简便的方法对仔料进行检查，常用的方法有：

①小刀刻划

用小刀或其他坚硬的工具刻划仔料的外皮，真皮较硬，假皮较软，特别是对有怀疑的位置，仔细探测，容易找到贴片的结合缝。小刀也要在绿色水口开口上试划，如有绿胶即可划开。

②敲击听声

用小玉块的棱角在开口或水口上轻敲，内有挖空上色，或其他空洞，敲击声就空洞沉闷，不够清脆。敲击时要逐点在开口面敲击，保证能敲到空洞的部位。这种方法简单易行，也不会损坏仔料。

③用水浸泡

对小块的高档玉料可用热水浸泡，并察看是否有连续的气泡冒出。大块的仔料不便浸泡，可用水打湿，在晾干时注意有无出现可疑的带状水迹。

④火烧

用小刀刮下一些皮，放在炉子上烧或烤，用胶粘接的假皮通常会发出刺鼻的烧塑料味，若是用水泥粘接的，烧后的皮用手指抹有滑感。

⑤水滴

在仔料的皮上滴上一滴水，有些假皮不渗水，水滴会成珠状停留在假皮上，真皮则不会有这种情况。

⑥滤色镜观察

有些染色的仔料，或者用绿胶的仔料，在滤色镜下会变成橙红色。但也有不变色的，因此，变橙红色的肯定是染色的，不变色的则不一定是天然的。滤色镜只作为一种辅助手段。

(4)实验室鉴定方法

在有条件的情况下，可以在实验室用更准确的方法来鉴别翡翠的仔料：

①滴盐酸

在仔料的外皮上滴上稀盐酸，真皮与盐酸通常没有反应，假皮遇盐酸则会冒泡。

②测定仔料的密度

通过比重可以区别出假仔料、挖空贴片仔料、贴片假仔料等。天然仔料的密度为3.08～3.43，而做假仔料的密度大多低于3.0。假仔料与翡翠仔料的密度差别更大，依不同的品种而表现不同的结果。如角闪石岩为2.7。仔料的密度可以用静水称重法来测定。

③分析外皮的矿物组成

在实验室里可以用红外光谱、X－粉晶衍射等方法分析外皮的矿物组成，假皮一般会呈现真皮所没有的矿物种，如方解石、石英、云母、白云石和黑钨矿等。假皮的矿物组成以硬玉和碳酸盐为主，此外还含有有机质，即树脂胶，而真皮的矿物组成主要是硬玉，没有碳酸盐和有机胶。

六、赌石的场口和场区

开采玉石的具体地点一般称作"场口"，开采年代和出产情况类似的多个的场口形成的区域称作"场区"。不同场口的玉石有其特殊性，也有很多共性，尤其是一些著名的场口其特性非常鲜明，以至有的特性只属于某一个场口。这就是为什么玉石商见到一块石头总要先断定它的场口，因为只有断定了它属于哪个场口，才能根据这个场口的石头的特殊性来观察、判断这块石头的赌性。

所以，曾有专家这样断言：不懂场口的人不能赌石，只能买明货和成品。

缅甸翡翠的发现至今已有几百年的历史了。根据石头的种类和开采时间的顺序，一般可将整个场区划分为六大场区：老场区、大马坎场区、小场区、后江场区、雷打场区和新场区。

1.老场区

位于乌鲁江中游，是开采时间最早的场区，也是至今面积最大，场口最多，种类繁多的场区。其中较大的场口有以下27个：老帕敢、育马、仙洞、南英、摆三桥、琼瓢、香公、莫洛根、兹波、格银琼、东郭、回卡、那莫邦凹、宪典、马勐湾、帕丙、结崩琼、三决、桥乌、莫洞、勐毛、苗撒、东莫、大谷地、四通卡、马那、格拉莫。这其中最著名的场口是：老帕敢、回卡、大谷地、四通卡、马那、格拉莫。

该场区的玉石产量多、质量高，交易中遇到的可能性极大，所以应该熟练掌握其特性。老场区最深地段现已开采到第三层，约20米深。第一层为黄沙皮，第二层为黄红沙皮，第三层为黑沙皮。个别场口有蜡壳。

2.大马坎场区

位于乌鲁江下游，老场区的西部，属于冲积矿床。该场区较大的场口有11个：雀丙、莫格叠、大三卡、南丝列、西达别、库马、黄巴、大马坎、那亚董、南色丙、莫龙基地。最著名的场口是：大马坎、黄巴、莫格叠、雀丙。

大马坎场区只挖到了第三层，最深地段挖掘到10多米，主要是两种产品：黄沙皮和黄红沙皮。但石头表皮非常复杂，场口之间有较大差异。

3.小场区

位于乌鲁江南面，面积约为45平方公里，比后江场区大三倍，因场口不多，被称作"小场区"。这里是原生矿床，曾出产过许多优质翡翠，是整个缅甸翡翠矿区不可缺少的重要组成部分。较大的场口有8个：南奇、莫罕、南西翁、莫六、乌起恭、那黑、通董、莫六磨。最著名的场口是南奇、莫罕、莫六。该场区有些地段已挖到第三层，第一层黄沙皮，第二层

黄红沙皮，第三层黑沙皮，带蜡壳。

4.后江场区

因位于康底江(后江江畔)而得名。产品中小件居多，产区地形狭窄，散布着10个场口：帕得多曼、比丝都、莫龙、格母林、加莫、香港莫、不格朵、莫东郭、格勤莫、莫地。最著名的场口是格母林、加莫、莫东郭、不格朵。

该场区产量高，品种多，质量好，其局部地区已开采到第五层：第一层仍为黄沙皮，第二层为红蜡壳，第三层为黑蜡壳，此后出现类似水泥色的"毛"，厚约10～50厘米不等，再往下是白黄蜡壳，然后又是厚薄不等的"毛"，再往下还是白黄蜡壳。

5.雷打场区

位于后江上游的一座山上。该区因主要出产"雷打石"而得名。比较大的场口是"那莫"和"勐兰邦"。"那莫"就是雷打的意思，雷打石一般暴露在土层上，缺点是裂绺多，种干，硬度不够，不好取料，主要为低档货。如遇上可取料的货，也有较高价值。近年来勐兰邦不断发现中档色货。1992年底雷打场传出惊人消息，发现一块巨大的上等翡翠，目前正由政府组织开采。

6.新场区

位于乌鲁江上游的两条支流之间。主要是大件料，产品中低料居多；位于表土层下，开采很方便。这里是表生矿，不需深挖便能得到翡翠块体，但多数无皮壳，属原生型矿床。人们习惯地称这里的块体为"新场石"，因而得名"新场区"。主要的场有：大莫边、小莫边、格底莫、婆之公、莫西萨、班弄、马撒、三卡莫、卡拉莫、三客塘、莫班洼。

要迅速辨认所有场口的石头，并非易事，有的石头，像黄沙皮，各个场口所出的差异相对较小，就更难了。即便是有独特性的场口的石头，要区别开来也非一朝一夕之事，重要的是要善于观察，勤于总结，日积月累，方可见效。

七、翡翠赌石的特征

翡翠赌石实际上就是一块翡翠原石，经过

一定风化作用后产生的翡翠砾石。赌石可大可小，大者几千几万吨，小者只有拇指大小；翡翠赌石没有切开之前，谁也不知道里面是什么状况，只有剖开后才能知道。有人借助翡翠的表皮，通过稍微擦开翡翠的表皮来观察，进行推断和分析，但因其不可测性，导致不同的人对翡翠赌石内部产生不同看法，所以产生了赌石"赌"的概念。这就是"玉石学"意义上的赌石，它可以使人一夜暴富，也可以使人瞬间一无所有。

鉴别翡翠赌石，主要通过擦、切、磨三种方式来实现。因此怎样擦、擦多深、擦多大、能不能擦，都要首先弄清楚；切石也是一样，可以一刀富，也可以一刀穷，行话有云"擦涨不算涨，切涨才算涨"，能否切、怎样切，都是要凭你的经验和运气，磨是为了弄明白内部的色及水，磨得好坏，也是极有讲究的。

赌石，大多是赌色为主，主要赌正色；此外还有赌种、赌地张。赌种，要求种好、种老、种活；赌地张，就要赌其地张细、有水、干净。有的还有赌裂、赌雾、赌是否有癣。因为要赌"赢"并非易事，因此，行话讲"十赌九输"。但是人们追求的就是这种神秘感，要是已经知道石头里面是何种状况，那就失去赌石的乐趣了。

翡翠赌石因为变化多、个体大小差别大，至今我们还只能停留在对其的描述上，通过对翡翠的外表皮壳、雾、裂隙的细致观察，进行分门别类，得出经验性的东西，然后再用来指导翡翠赌石。因此，翡翠赌石有神仙难断之说。从20世纪90年代中期以来，许多专家均试探过用新的方法，特别是用地质学的岩矿研究方法来研究，如对皮壳成分及矿物组合的研究，还采用了显微镜、XRD、IR的方法，试图依此来获得对赌石内部的了解，但这些研究也仅是管中窥豹，很难达到应有的目的。

下面我们将翡翠赌石按以下特征来分别研究：

1.赌石皮壳

①黄盐砂皮

即黄色的表皮翻出黄色的砂粒。基本上所有场区场口都有黄盐砂皮，因此很难从这种皮壳来判别场区场口。黄盐砂皮有以下特点：皮壳上的颗粒大小均匀，大多种较好；皮壳紧而光滑则种差；皮壳颗粒的表皮如果像立起来一样，则种好。

②白盐砂皮

主要产于老场区的马那场口和新场区的莫格地，白盐砂皮有两层，黄色和白色，黄色表皮可以除掉，白盐砂皮是白砂皮中的上等货。

③黑乌砂皮

多产于老场区、后江场区和小场区的部分层位；黑乌砂皮容易有黑蜡壳，而且容易解涨。后江场区的黑乌砂皮蜡壳放在水中一泡就掉，老场区的蜡壳如在没有砂的表皮不容易掉，而在存砂的表皮易掉；去掉蜡壳才容易观察到表皮是否有色。

④水翻砂皮

表皮有一股股、一片片铁锈色，少数呈黑黄色，大部分场区都有，老场区回卡的水翻砂皮比较薄，可用光透皮照色。

⑤杨梅砂皮

皮壳表面砂粒像熟透的杨梅一样呈暗红色，也有的红白相间或黄白相间，带槟榔水，主要产在老场区和大马坎场区。

⑥黄梨皮

皮如黄梨，微微透明含色率高，多为上等货。

⑦笋叶皮

黄白色，皮薄，透明与不透明都有，大马坎场区最多，老场区也有。

⑧腊肉皮

皮红如腊肉，光滑而透明。腊肉皮其实就是雾，老场区及大马坎场区都有。

⑨老像皮

灰白色，表面看起来好似起皱，看起来好像没有砂，但手摸有粗糙感，地好起皱的部位常突起，可以见到玻璃地。产于老场区老帕坎场口。

⑩石灰皮

表皮看似有一层白灰，用铁砂可打去，露出白砂，地好，主要见于老场区。

2.翡翠赌石的松花

"松花"即是翡翠内部颜色在皮壳表面的

反映，是赌色的重要依据。翡翠在赌石的风化作用中，绿色在表皮的残留，即形成了松花。因为翡翠产出的状况及形状不同，因此形成了不同形状的松花。所以，内部有绿色的翡翠在其表面通常会有松花，但有的绿色翡翠也可能因为其他原因，松花在皮壳上未能表现，而没有绿色翡翠的赌石因为特别的原因在其表面留有松花，但这两者出现的概率非常小。松花在各场口的赌石中表现都不很相同，这也是因为各场区场口不同的风化作用及风化强度造成的。

赌松花尤其要注意以下几点：要看松花是否进入内部，有些松花是因为块体赌石沿绿色翡翠断口成赌石经风化作用形成的，这就可以表现在松花表面，但不进入内部；要注意松花是原生的还是次生的，次生的松花并非绿色翡翠的风化物，是风化过程中在赌石表面形成的绿色薄膜，要看松花的颜色正偏，否则会赌出偏色的翡翠；要留心没有松花的赌石，因为在其内部也不排除有很好的绿色翡翠。

松花也能看出翡翠的种，如果松花在"正地形"则翡翠种好，如果松花在"负地形"则翡翠种差。

赌石松花根据其在皮壳表面的产出形状，通常分为以下几类：

①带状松花

松花形如带状、脉状分布在赌石表面，宽窄不一，粗细不均，松花这种表现显示内部有满绿的脉状翡翠，若松花没有连续，或断或续，这表明内部翡翠绿色也是不连续的。

②膏药松花

松花的形状似膏药，形状不规则，这种松花在表面居多，特别要留心其深浅，有的仅表皮沾一点，有的如后江市，松花进一寸，颜色就有一寸。普通膏药松花色不深，有一片。

③乔面松花

松花面积大，整个赌石表面尤如撒了一层乔面粉，绿色的粉末有厚有薄，有稀有浓，这种情形通常表示内部有一团绿。这种松花在水中，看得更清楚。

④包头松花

这种松花的形状就像有一条带子分布在赌石的某一头上，包头松花的大小即反映绿色的大小，但只能赌包头部分。

⑤卡子松花

这是指松花形状像一个卡子，卡在石头的某一部位，卡子松花其实是带状松花的变形，其实质同带状松花一样。

⑥丝丝松花

这是指松花细如丝状物，呈网状或丝状分布在石头表面，这表明内部的绿色是丝状或网状的，如果种好，这种石头价值很高。金丝种的翡翠就是这种石头。

此外，还有多种不同形状的松花，如点点松花、一笔松花、柏枝松花、毛针松花、霉松花、谷壳松花、芝麻松花、癞点松花、夹癣松花。这些松花同样是生相不同，表现方式就不同。

3.翡翠赌石的蟒

"蟒"就是指在赌石表皮上出现的与其他不同的细砂形成的细条状或块状的东西。有专家认为蟒即是一种没有表露出来的松花，是风化作用在皮壳上的差异造成的，虽然看不见，但却自然存在于表皮下。蟒是赌石中多次交代形成的脉状翡翠风化形成的产物，某些石头中蟒上有松花，通常是绿色的脉状翡翠风化形成的；因为脉的形成经历了无数次的交代作用，所以蟒的结晶颗粒特别细，比较平滑，有挤压感。加之形成翡翠的过程很复杂，所以有不同形态的脉，结果产生了不同形态的蟒。

①带蟒

蟒如同带子般缠绕在石头的中部或头部，若蟒紧，表明一定有好种好色，蟒上如有松花，那么肯定有高色。

②白蟒

蟒的颜色为白色，与周围的颜色不同，黑乌砂的表皮上有白蟒则一定有色，如蟒上有松花则肯定会赌涨。

③黄蟒

好像有一层淡黄色的面粉，铺得很开，若生在白砂皮上，通常比较难看，需置于水中才能看得清楚，蟒下肯定有高色。

④*丝丝蟒*

里面也是*丝丝绿*，就算在老坑种的翡翠中，也是*丝丝绿*。

⑤卡三蟒

带状的蟒上多有蜂窝坑，蟒带两侧的砂皮

及砂的厚薄不一样，可赌性好，绿色旺。

除此而外，还有点点蟒、乔面蟒、一笔蟒、膏药蟒、包头蟒、大块蟒等。

4.翡翠赌石的癣

翡翠赌石的癣即在赌石表面出现的大小不等、形状各异的黑色、灰色、淡灰色印记，有的光滑，有的呈点状，有的呈片状或块状，也有的像马牙或苍蝇翅膀。癣与绿关系密切，有癣就有绿，有绿就有癣，但它们呈反比关系，癣多绿就少，绿色多癣就少。

此外，有一种叫癞点的小黑点，与癣很相近，但截然不同，癞是黑色的，而癣是黑蓝色的。癞点一定是依附于绿色，而癣则不一定依附绿色。

①黑癣

为黑色，呈脉状或带状分布，但带中只有部分有癣，这种癣下通常都会有绿，尤其是若周围有松花，赌进去一定能涨。

②灰癣

这种癣形状很多，若只集中在一半，而另一半有蟒或松花则可赌。

③猪棕癣

这种癣进入内部，会使绿色被破坏，因此，赌石只能作花牌，不能作色料。

④直癣

这种癣不能赌，它已深入内部，脉状的绿色全部被癣替代，最迷惑人的是这种癣往往伴有松花。

⑤癞点癣

一个绿点上有一个小黑点，这种癣一般都长在松花上，若癞点不进入内部，可赌，如癞点进入内部则不能赌。

⑥枯癣

周围有色，中间有一片疤痕，这种石头可赌，因为它并不影响翡翠的绿色。

除上述几种癣外，还有很多，如小黑点癣、癣夹绿、膏药癣、角黑癣、满个子癣、白癣等，在此就不一一赘述了。

5.翡翠赌石的雾

"雾"就是存在于皮壳与肉之间的东西。这层东西有不同的颜色、不同的厚度、不同的透明度。雾其实是风化作用的产物，大多是淋积形成，雾的主要成分是铁质，也有少量为钙透辉石、钠长石等，所以雾表现为不同的颜色。雾不是用来赌色，而是用于赌翡翠的种；种与场区及场口的关系非常密切，老场区及大马坎场区的石头有雾，新场区、小场区、雷打场区、后江场区、老插区的四通卡场口没有雾，大谷地的没有雾或雾较小。常见的雾有如下几种：

红雾：灰地的较多，红雾爱跑皮。雾色有牛血雾、干雪雾两种。

白雾：白雾的石头颜色较浅，如果将白雾去除，里面的颜色就较浓，常见在白砂皮及白蟒下。

黄雾：因为铁质而显黄，有黄雾的石头通常会翻蓝的绿色，有时松花去掉后，就会见到黄雾，如果擦去黄雾，就能见到色。

黑雾：如果雾厚，则地子灰；黑雾下往往有高绿，但也有低绿；大马坎场区比较多，黑雾爱跑皮，不宜赌。

6.翡翠赌石的绺裂

绺裂是影响翡翠赌石的重要因素。绺裂会损害翡翠的完美度，降低翡翠的经济价值。翡翠赌石通常都会有绺裂，只不过有大有小，有多有少罢了，绺裂对翡翠价值的影响需要我们认真分析判断。玉石界有语："不怕大裂怕小绺，宁赌色不赌绺"，这是至理名言。

从地质学角度分析，绺裂是因为地质应力作用造成的，挤压、剪切、拉伸等构造应力作用均可产生绺裂，翡翠也不例外，因为应力环境的差异以及翡翠块体力学性质的差异，导致了不同的绺裂形成在翡翠赌石中。所以，分析赌石绺裂应该从力学角度去研究，这样才能更为准确地了解绺裂内部的伸展情况、走向、密绺发育程度，从而掌握对翡翠的损害程度。

下面介绍几种对赌石损害程度比较大的绺裂：

(1)马尾绺：形状比较像马尾，破坏性极强，这种绺裂会导致难以取出整料，马尾绺是剪切应力导致的密羽裂造成的。

(2)糙耙绺：形状好像糙耙干后的裂，糙耙裂是因为多个方向的拉伸应力作用形成的。

(3)格子绺：像格子样的形状，对翡翠块体的影响非常大；格子绺是因为两个方向剪切应力作用形成的，如典型的"X"型剪切裂隙。

(4)火烟绺：是指绺的旁边有一股黄锈色，这种黄锈色可能是后期淋滤的铁质物，有些火烟绺吃色，有些不吃色，这可能是因为绺裂形成的时间有早有晚造成的。

(5)鸡爪绺：形状如同鸡爪，破坏性极强，实际上这也是一种剪切造成的羽裂，但裂度较马尾绺大。鸡爪绺有时仅在赌石表皮，这是早期应力作用所致，期后的变化作用可能已将内部绺裂充填，很可能有好色好种。

(6)雷打绺：形状就像闪电印在石头上。主要在雷打场区，这种绺裂是典型的剪切裂隙，主要发生在干底张中，呈树枝状。

八、翡翠赌石应注意的几个问题

翡翠赌石之所以被称作"赌"，就是因为对其颜色、种、水、地等因素具有不可预见性，因此需要综合运用各种观察方法及手段，再科学地利用地质学知识，只有这样才能从宏观到微观、由表及里，较好地把握赌石的性能，以获得最好的预测。

1.首先从场区及场口来宏观把握原石

前面我们已经知道，翡翠原生矿石形成后，经历了非常复杂的剥蚀、搬运、冲刷、沉淀、成岩甚至再剥蚀、搬运、冲刷、沉淀、成岩的过程。这些场口场区即是翡翠的矿区矿床。新场区即原生矿或离原生较近的翡翠矿，老场区即搬运的场区更加远离原生矿区，而大马坎场区即是远离翡翠原生矿的矿区，雷打场区也是原生矿区，后江场区则是经过一定搬运的翡翠矿区。不同的场口就是不同的矿床矿脉，在同一矿区因为地质条件不同，就可能产生不同的矿床。通常来说，经过长期长距离搬运的矿石风化作用时间长，块体较小，大多是地好种好的翡翠，若有绿色，则往往是老种老色的高档翡翠，而仅经过短暂搬运或原地产生的翡翠矿则多半块体大裂隙多，质地参差不齐，种有嫩有老，翡翠的质量也稍差一些，如雷打场区和新场区的翡翠就是这样。此外在同一场口的翡翠矿床中，砾石也有不同的分带现象，我们可将其分为五层，这些层位的形成即是不同

沉积次序造成的，底部白黄蜡壳层、黑乌沙蜡壳层，中部红蜡壳层，上部黄砂皮层。上部沉积得最晚，经受的风化作用也较强，所以质量常较好，而下部则相对要差一些。这些从宏观上能够把握，如大马坎场区及老场区的最上面层黄盐砂皮赌石，一般都是种好、地好、有高色、有雾、质量好，而小场区可能会见到较多的水石，新场区及雷打场区的质量就要差许多。

2.将翡翠赌石的松花、蟒、绺裂综合起来把握

我们知道翡翠的松花、蟒、癣、绺裂是绿色翡翠风化、热液交代的产物或应力作用的产物。特别是松花，往往与蟒连生，因此若见到有蟒有松花的石头，根据其产出的状况，多半是可以有把握地赌的，而且有相当好的准确性，但如果这种石头且绺裂且发育得很好，就应引起注意，癣是既可恨又可少的东西，只要能排除癣吃绿的情况，赌赢的把握也较大。翡翠的皮壳也是指示翡翠内部绿色的一个非常好的标志，观察翡翠皮壳和松花、蟒带，还可与场区场口结合，如老场区黑乌砂皮，有松花蟒带、有白雾，肯定是好种好色；老场区帕坎石多为黄盐砂皮和白盐砂皮，常为黄雾、白雾，多显蟒带，且盐砂如发，极为典型，这种石头肯定老种老色。

九、翡翠赌石的真伪辨识

翡翠赌石的真伪辨识很多人都做过研究，这些研究已详细地揭示了目前市场上见到的赌石真伪奥秘，这里简要介绍目前的研究结果。

1.翡翠赌石作假类型

(1)假石类(仿冒翡翠赌石)

①大理岩型

这是最常见的伪冒翡翠赌石，外观为黄盐砂皮，白色带绿，但绿色成块状或沿裂隙分布，表皮颗粒为粒状结构，硬度不高，相对密度为2.6左右，遇酸会起泡，绿色部分为透辉石矿物，擦开表皮，不易见到雾。

②不倒翁型

这也是缅甸翡翠原料中常见的仿冒赌石，曾出现过一块重达200千克的黄砂皮料，切口

中常常见到冰底透明度极高的切面, 极像冰地无色翡翠料, 这就是称为"不倒翁"的原石。这种原石主要是SiO2质地, 但也有黄铁矿和绢云母等其他矿物, 而看到的皮壳其实是黄色的铁矿物。

③水沫子型

这是以钠长石为主, 硬玉、阳起石等为次的翡翠伴生矿石, 其相对密度仅为2.65~2.70, 远较翡翠原石低, 但很像冰地飘花的翡翠, 水沫子原石外观多为黄白盐砂皮。

④角闪岩型

外观与黑乌砂皮极像, 局部带绿色, 相对密度2.7, 主要矿物为角闪石和绿泥石, 绿色系这两种矿物所致。

(2)假皮类(作伪翡翠赌石)

①假皮没有门子

将擦垮的赌石重新打毛, 再用掺胶的红泥或黑泥擦石, 干后反复擦, 有时将一些绿色翡翠碎屑掺在这种掺胶的泥中, 也能制造出表皮跑绿的假象。

②假皮作翡翠门子

外观为黄砂皮, 开门处显大片绿色, 质地细腻, 密度小于翡翠, 开门处周围皮壳与其他部位差别很大, 用力敲打可将翡翠假门子击穿, 这种假门子通常经过涂色处理, 皮壳大多是高岭土、石英等。

③假皮切开两面贴片

外观大多是黄砂皮, 开口处显绿色, 质地细腻, 为翡翠无疑, 但可发现两面贴片的翡翠绿色或结构有差异, 不是同一块翡翠原石切口, 皮壳较软, 多为方解石、高岭石、硬玉等, 去掉假皮和贴片后, 多是石英质砾石。

(3)涂色掏心作假

通常做法是将擦垮的翡翠赌石作原料, 中间挖出空洞, 注入绿胶, 用假皮将擦口贴合, 这种石头外表看起来是翡翠, 但仔细检查擦口处, 可发现假皮贴口, 敲击贴口还能发现注色孔。

上述三种是常见的翡翠赌石仿冒作假伎俩。还有很多伎俩并未详细表述, 如假色的、腻子壳的、探孔补洞的, 这里就不一一赘述了。

总之, 翡翠赌石作假基本可分为作假皮、假门子、假色、假松花、假跑绿等情况, 只要能达到以假乱真、以次充好骗取财物的目的, 假货还会层出不穷的。

2.赌石真伪鉴别

(1)徒手鉴别

①赌石皮壳

因为作伪翡翠赌石大多系假皮类, 因而除某些掏心涂色用真翡翠赌石作假以外, 均可通过对假皮的观察来判断。某些掺胶上皮的赌石大多可使用水泡或用水洗之类的方法, 剥落假皮; 另外假皮多质软, 没有颗粒感, 光滑感过强, 致密程度较差。假皮还常多次涂合, 仔细观察很容易就能见到拼合线或缝。

②赌石的假色

假石的翡翠颜色多数是其他绿色矿物, 从晶体形状及习性上大抵可以辨别, 也有人用绿色翡翠碎屑粘贴, 这种绿色与皮壳其他部分界线非常清楚, 而且很容易剥离; 有时这种绿色颗粒也可用铬盐浸渍或用查尔斯镜检验。

③赌石假门子

假门子在作伪赌石中很常见, 也容易识别。一是检查贴合线; 二是敲击门子, 会给人以空洞的感觉; 三是门子常涂色处理, 所以会有颜色总在内部的感觉。

④假松花、假癣

作假者常用绿色矿物研细或黑色的其他矿物粘贴于皮壳之上, 这种假东西通常与周围不协调且用针轻易就能挑落。

(2)仪器鉴别

①赌石密度

仿冒赌石大多是其他的岩石经风化后形成的砾石, 手感偏轻, 这种砾石的密度大多小于3, 因为这些砾石一般是大理岩、钠长岩、石英岩, 而翡翠的密度大于3。

②用XRD或IR等分析皮壳成分

因为假石的皮壳多为仿皮, 因此检测的结果多为方解石、石英、高岭石、伊利石、白云石等, 而真皮的成分则通常为硬玉。

另外, 还可以用酸滴法检测碳酸盐质仿石或假皮。

▲ 翡翠珠链配玉珠镶钻吊耳环（一对）
拍卖时间：1985年11月19日
成交价：HK$ 2,860,000
拍卖公司：苏富比香港拍卖公司

▲ 双彩翡翠珠链
尺寸：直径15.2-15.9厘米，27粒翠珠
拍卖时间：1994年秋
成交价：HK$ 72,620,000
拍卖公司：佳士得香港拍卖公司

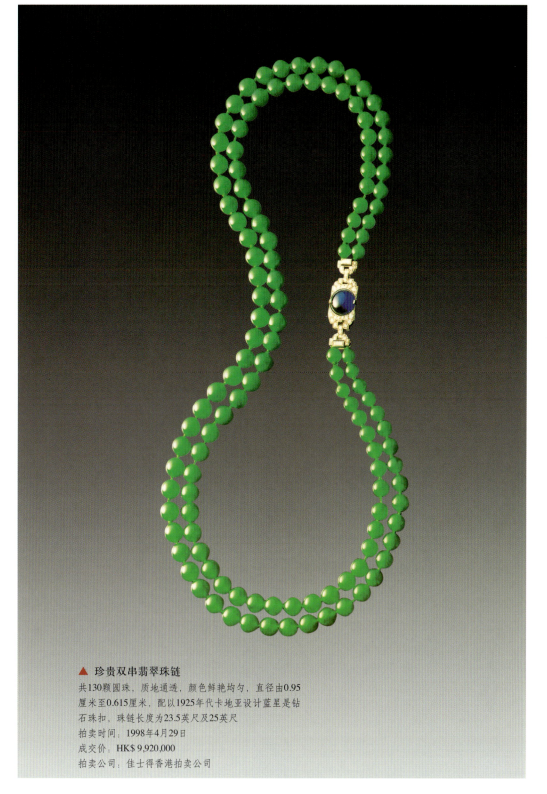

▲ 珍贵双串翡翠珠链
共130颗圆珠，质地通透，颜色鲜艳均匀，直径由0.95
厘米至0.615厘米，配以1925年代卡地亚设计蓝星是钻
石珠扣，珠链长度为23.5英尺及25英尺
拍卖时间：1998年4月29日
成交价：HK$ 9,920,000
拍卖公司：佳士得香港拍卖公司

▲ 翡翠珠链
尺寸：长45厘米
拍卖时间：2000年10月30日
成交价：HK$ 14,345,000
拍卖公司：佳士得香港拍卖公司

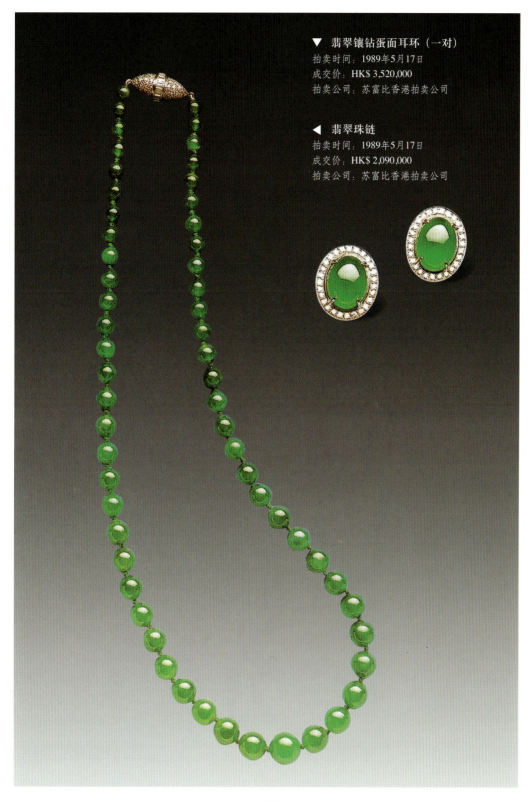

▼ 翡翠镶钻蛋面耳环（一对）
拍卖时间：1989年5月17日
成交价：HK$ 3,520,000
拍卖公司：苏富比香港拍卖公司

◀ 翡翠珠链
拍卖时间：1989年5月17日
成交价：HK$ 2,090,000
拍卖公司：苏富比香港拍卖公司

▶ **翡翠项链**
尺寸：珠直径0.803厘米-0.981厘米　长78厘米
估价：RMB 6,000,000

◀ **翡翠双行塔珠链**
拍卖时间：1991年5月1日
成交价：HK$ 8,360,000
拍卖公司：苏富比香港拍卖公司

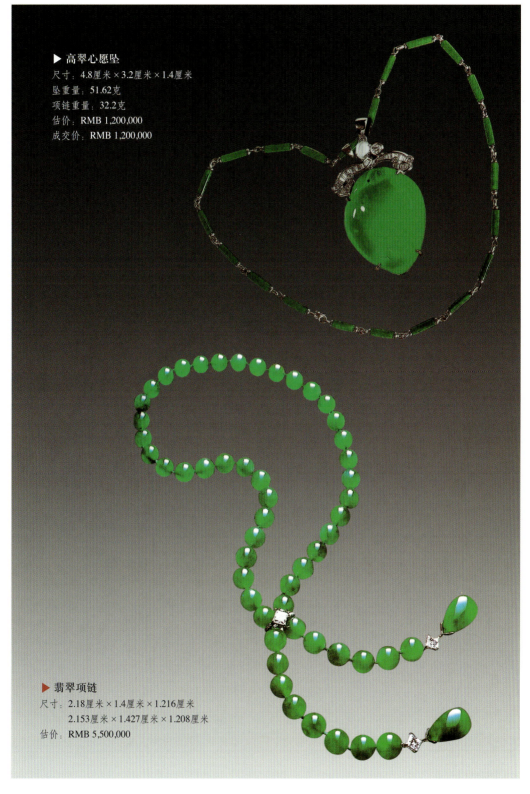

▶ **高翠心愿坠**

尺寸：4.8厘米×3.2厘米×1.4厘米

坠重量：51.62克

项链重量：32.2克

估价：RMB 1,200,000

成交价：RMB 1,200,000

▶ **翡翠项链**

尺寸：2.18厘米×1.4厘米×1.216厘米

2.153厘米×1.427厘米×1.208厘米

估价：RMB 5,500,000

▲ 翡翠钻石蝴蝶胸针
拍卖时间：1999年11月1日
估价：HK$ 6,200～7,500

▲ 翡翠钻石蝴蝶胸针
拍卖时间：1999年11月1日
估价：HK$ 7,200～8,500

▲ 翡翠钻石鹦鹉胸针
拍卖时间：1999年11月1日
估价：HK$ 14,300～16,800

▲ 翡翠钻石蜻蜓胸针
拍卖时间：1999年11月1日
估价：HK$ 10,500～12,000

第五章

翡翠的收藏投资与保养

FEI CUI DE SHOU CANG TOU ZI YU BAO YANG

一、翡翠的收藏价值标准

目前国际通用的衡量翡翠价值的标准是"水"。每年二、三月间，缅甸政府都要在仰光举办一次国际性翡翠展销会，不仅向世界各地的客商们展示翡翠的原石、工艺品，还要向大家公布各类、各级翡翠的价格。

缅甸将翡翠主要分为三类。第一类是上品，也被叫作"帝王玉"。其颜色翠绿纯正，浓艳，均匀，透明度高，水头足，是地道的老种，唯一遗憾的就是产量极低，仅占世界年产总量的5%。这类翡翠的价格极其昂贵，计量单位以克拉计算，并跻身于钻石、刚玉、祖母绿、猫儿眼等高档宝石的行列；第二类就是商业玉，这类翡翠颜色比较繁杂，除绿色外还有紫、红、黄、黑、青、灰等，不仅颜色不一，浓淡不一，而且从透明、半透明到不透明的都有，其中绿色的差异也很大，优等的仅在浓淡和均匀程度上比上品差一点，但劣等的却差很多，这一类是翡翠中的"大路货"，主要用来制作首饰，是世界各地珠宝店里最常见的翡翠商品。第三类被称为普通玉，是翡翠中最次的一类，包括无色的翡翠，其结构透明度跟商业玉相仿，普通玉的产量最多，约占总产量的90%，主要用于制作一些较低档次的玉雕摆件。

以上三类翡翠按质量的不同又可分为A、B、C、D四级，缅甸有关部门就按类按级分别定价。比如，在第28届仰光展销会，就公布了这样一张价格表：

"帝王玉，按克拉计算，A级每克拉2000美元、B级500美元、C级200美元、D级100美元；商业玉，按千克计算，A级每千克1000美元、B级200美元、C级100美元、D级50美元；普通玉，按千克计算，A级每千克30美元、B级15美元、C级10美元、D级5美元。"

从以上定价可以看出，最好的与最差的翡翠在销售的第一关就被拉开了巨大的差距，不难想象，随着买卖次数的增多，它们之间的差距还会被继续拉大。其中的精品，即使是一个戒面，一只手镯，一枚项链坠，也可以被卖到几万、几十万甚至上千万；而其他的劣质品大多值几元、几十元、最多也就上千元罢了。

购买翡翠，要注重其完美度。愈是完美的翡翠，保值作用愈大。换句话说，完美无瑕对其价值起决定性的作用。只要用10倍放大镜照看，瑕疵便一览无余，假如要观察清楚翡翠内是否有暗裂或杂质，也可以在后方置一笔芯电筒，一切便都一目了然。

就算是"老坑玻璃种"、"水种"或"冰种"的翠玉，只要有少许横切裂纹，便会大大降低价值，要完全没有裂纹的才是上品。

瑕疵与纯度，约占评估玉石总和的30%，亦即占价值的1/3左右。

翡翠中很容易见到带有白色或黑色的包裹体，而且轮廓明显，大大影响了翡翠本身的美观，那是不够纯净和质地不够幼细紧密所致。若是"老坑玻璃种"，应该不含杂质，与普通的"老坑种"有别。

通常的分级如下：

（一）无瑕（EL）

（二）近无瑕（NFL）

（三）微瑕（L11，L12）

（四）小瑕（M11，M12，M13）

（五）中瑕（v11，V12）

（六）明瑕（H11，H12）

此外，对于翡翠的其他方面也有明确的划分标准。具体是：

1.种（共4级）

"种"是指翡翠的质地，也是对一件翡翠产品最基本的描述，市场上所讲的老种、新种、玻璃种、冰种、蛋清种、豆种、油青种、蓝花、蓝水、晴水等都是约定俗成的商业名称，实际上，翡翠的结晶体颗粒大小和这些颗粒的交结关系是决定翡翠商业品种的主要原因，并由此

▲ 苗搬场口老场口半截松花

▲ 玉石原料

▲ 擦口赌石

制定出以下分级标准：

1级：结构细腻致密，10倍放大镜下很难看见矿物颗粒及复合的原生裂隙，粒径小于0.1毫米。

2级：结构致密，10倍放大镜下可以看见矿物颗粒及极少的细小复合原生裂隙，粒径在0.1～1毫米。

3级：结构不够致密，10倍放大镜下清晰可见矿物颗粒及局部的细小复合原生裂隙，粒径在1～3毫米。

4级：结构非常疏松，粒径大小很悬殊，粒径在3毫米以上。

2.水（共5级）

"水"是评价翡翠的重要因素，通常称作"水头"，透明度高的就叫作水头足，这样的翡翠看起来晶莹透亮，给人以水汪汪的感觉，而透明度差的翡翠干涩、呆板，看起来干巴巴的，这就叫水头差，水不足。翡翠的透明程度可大致分为透明、较透明、半透明、微透明、不透明，透明度度越高，则其价值越高。

3.底（共4级）

"底"是表示翡翠絮状物（又称棉）、黑斑、其他色斑的多少程度。由于翡翠是多种矿物的集合体，其结构通常为纤维状结构和粒状结构，杂质的多少程度也必然影响翡翠的价值。

其级别划分标准为：

1级：10倍放大镜下看不见任何绺裂、灰黑丝，偶尔能看见个别白棉、小黑点。

2级：10倍放大镜下看不见绺裂，可见少量细小白棉、黑点、灰黑丝。

3级：肉眼看不见绺裂，10倍放大镜下可以看见少量绺裂，肉眼能看见少量白棉、黑点和少量冰渣物。

4级：肉眼能看见少量绺裂及较多白棉、黑点、灰丝和冰渣物。

4.色（共6级）

翡翠主要的颜色有绿色、白色、红色、紫色、黄色等，其中以绿色为最优品种，若一件翡翠中既有绿色，又有红色和紫罗兰色，也算一件难得的佳品。

在色温为5000K的连续光源照射下翡翠的颜色可以分级为：

1级：纯正程度为：纯正绿、祖母绿、翠绿等，均匀程度为：极均匀，深淡程度为：不浓、不淡艳润，色泽亮丽。

2级：纯正程度为：正绿色、苹果绿、黄秧绿等，均匀程度为：均匀的整体上有浓的条带、斑块、斑点整体，深淡程度为：不浓、不淡，色泽艳润、亮丽。

3级：纯正程度为：正绿色、苹果绿、黄秧绿等，均匀程度为：整体不均匀，深淡程度为：浓淡不一，色泽艳润、明亮。

4级：纯正程度为：微偏蓝绿（含黄绿色的鲜艳红色、紫罗兰色），均匀程度为：均匀，深淡程度为：不浓、不淡，色泽润亮。

5级：纯正程度为：蓝绿色，均匀程度为：均匀，深淡程度为：不浓、不淡，色泽润亮。

6级：纯正程度为：灰蓝色（含淡黄绿色、淡红色、淡紫罗兰色），均匀程度为：均匀，深淡程度为：淡雅，色泽润亮。

5.工(共4级)

"工"是指一件翡翠成品的形状、做工、以及重量三个方面，需要说明的是由于翡翠成品在设计师、工艺、文化内涵、制作年代、体量等方面的差异以及每件作品都有其自身的特点，详细的分级是很难做到的。因此，只能将"工"分成四个大致的级别：

1级：比例适合、饱满大方、名师制作、巧夺天工、5克拉以上。

2级：比例适合，饱满大方、自然流畅、匠心独具、5克拉以上。

3级：比例适合，饱满大方、普通制作、平整光滑、5克拉以上。

4级：比例适合、制作通常无要求。

二、翡翠的价值评价

评价翡翠的价值并非易事，主要是因为影响翡翠价值的因素太多。一件翡翠成品的价格，必须结合它的颜色、质地、水种、形状、瑕疵、工艺等多种因素综合评价。低档翡翠与上等翡翠的价格差距可达成千上万倍；价值低的几元、几十元，价值高的数万元、数十万元，甚至上百万元一件。另一个原因是因为世界上好的翡翠仅出自缅甸西北的山区，产量极为稀少。我国在抗战前就要用20两黄金才能换到一两好翡翠，有时甚至100两黄金还买不到一两高档翡翠。可见，翡翠优劣导致的价格悬殊实难估量，再加上翡翠的独特个性，有所谓"人有千张脸，玉有千种面"之说，所以有的人对相中的翡翠，只要喜欢，无论什么价都敢买。长期以来，在翡翠交易中，翡翠商人销售翡翠时，什么价都敢叫，就看您对翡翠是否了解，就看您有没有眼力，这就是市场上所说的"眼水"。

当然，评价翡翠的经济价值虽然比较复杂，而且价格高低也非常悬殊，但是在长期的翡翠交易中，珠宝业内对其质量、经济价值还是有一个较为一致的分类评价原则。随着珠宝市场的日益成熟和规范，对翡翠建立一个定性或定量的评价标准已成为一个亟待解决的问题。

1.翡翠的评价因素

早在1991年仰光的宝石展销会上对翡翠就有一个简单的分级报价。从这个报价不难看出，翡翠中低档的普通玉和稀贵的帝王玉之间价格可相差数万倍，它们的级别应该根据每件翡翠饰品的颜色、质地、水种、形瑕四个方面来综合评价。

(1)颜色

翡翠的颜色很多。有绿色、紫罗兰色、藕粉色、红翡色、油青、蓝灰等等，其中，绿色最为贵重，宝石级的绿色主要是由微量元素铬离子(Cr^{3+})致色，称作正绿色，常见的有：翠绿色、祖母绿色、苹果绿色、秧苗绿色，不过是深浅程度不同而已。翡翠的绿色还有铁离子(Fe^{2+}/Fe^{3+})致色，它们会产生不同的色调，如：黄阳绿、阳俏绿、油绿、豆绿、蓝绿、灰绿、瓜皮绿等。

绿色在很大程度上决定着一件翡翠的价值。要以正、阳、浓、匀为好，反之，邪、阴、淡、花的绿色则较差。正阳浓匀的翠绿色若再配之以好的质地和水头，就是价值极高的帝王

▲ 薄皮山石

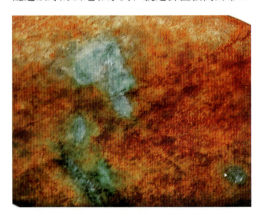

▲ 半山半水石

级上好玉，这是难得一见的。

其他颜色的翡翠如紫罗兰色、褐色、红色（俗称春色、红翡），明亮的乌黑色(称墨玉)，若颜色鲜亮，种水都佳，也会受人欢迎，具有一定的使用和商业价值。

翡翠中的黑褐色、灰褐色、青灰色、灰白色，是影响翡翠价值的劣等色调。

翡翠中的白色很常见，又被称作"白地张"，但是若不搭配绿色，不带水，其价值也不会高。

翡翠中的巧色是指由两种或两种以上颜色协调搭配在一件翡翠成品中，如果遇有绿、红、紫三色共同出现时，俗称"福禄寿"或"桃园结义"，极为稀少，惹人喜爱，价值很高。

翡翠中还有一种因微量元素钽(Ta)引起的黄色硬玉，也较为难得。

当翡翠中的红、绿、黄、黑、青、蓝、紫七色互不相连同时出现于一块玻璃地张的玉上时，这是造物主的独特匠心，世间罕见，人称"七彩石"。

(2)质地

翡翠的质地在很大程度上左右着一件翡翠饰品的美感和耐久性，因此，质地是评价翡翠价值不可或缺的因素。

颗粒细小的翡翠，结构紧密，很少有瑕疵和杂质，晶莹剔透，很是稀少，价值自然高；质地较粗的翡翠，结构疏松，价值则低。业内人士通常将质地和水头结合起来，称作"翡翠地张"，地张的好坏与翡翠的价值关系当然很密切。

价值高的翡翠地张主要有"玻璃地"、"水地"、"冰地"，其共同特点是质地细腻、透明度好、玻璃光泽强；价值中等的翡翠地张如"蛋清地"、"青花地"等，颗粒稍粗，透明度一般；价值较低的翡翠地张如"瓷地"、"糙白地"、"狗屎地"等，颗粒非常粗糙，不透明或半透明，质地很差。

(3)水种

翡翠是一种多晶质的集合体，无法像晶体类的宝石那样透明无瑕，大多数的翡翠是半透明甚至是不透明的。水头好的翡翠很少见，价值高，因为它可使色浅的翡翠看起来晶莹漂亮，把不均匀的颜色映照得更均匀，让粗地也显得较细，所以有"种好遮三丑"之说。水头能大

▲ 白筋

▲ 翠料的蟒和松花

增翡翠的美感和润度，还能使翡翠中的颜色充满灵气。

有经验的翡翠行家非常重视翡翠水种的优劣，甚至有"无种不看色"训示。因此水种好坏是构成翡翠价值评估中不可或缺的因素。

业内人士常以光线照入翡翠的深浅来评判翡翠水种好坏，或称"水头长"或"水头短"。定量的划分是：透明的，三分水、光透入翡翠深度约9毫米；透明至半透明的，二分水，光透入翡翠深度约6毫米；半透明的，一分或半分水；不透明的或微透明的，无水头。用这种方法评价水头，要留心翡翠的厚度与颜色深浅，厚度薄或颜色浅的会让人觉得水头好。

(4)形瑕

翡翠的"形"一般包括它的形状大小协调性和工艺完美程度。"瑕"指的是翡翠清洁度、裂隙、纹路的多少。两者也是制约翡翠价值的一个重要因素。

成品翡翠的形态通常分为光身翡翠和雕花翡翠两类：光身翡翠有蛋圆形、梨形、马鞍形、心形、手镯等，它们丰满厚重，轮廓清晰、比例协调、对称性好，这可大大提升翡翠的美感，

自然也会提高其价值。此类翡翠多为首饰用的宝石级翡翠。有经验的行家在取料时，都会考量翡翠种、色和形态大小之间的价值轻重，为了得到种色俱佳、价值较好的光身翡翠制品，有时并不追求体积的大小，甚至可以不讲究形态的协调和对称。雕花翡翠主要是指挂件和摆件，从艺术及美学的角度可以塑造出各种造型，如花草、人物、飞禽走兽等，如若工艺精湛、设计新颖，就能大幅提高翡翠的价值。雕件翡翠通常又可称作"花件"，大多数不要求翡翠颜色均匀，而是经常利用颜色的不均匀性来巧妙雕塑，以达到提升其价值的目的。种色较好而有棉裂的翡翠，通过雕刻来剔除瑕疵或裂隙，也能大幅提升其价值，此所谓"无裂不雕花"。

翡翠中有黑色、白色的斑点会影响翡翠的美观，对价值影响也非常大。裂隙和纹路，特别是铁质的或黑色的色纹对翡翠的价值影响也不容忽视。

2.翡翠的综合评价

我们知道，翡翠的价值主要根据其颜色、质地、水种、形瑕来决定，这为综合评价提供了依据。

李兆聪女士把翡翠分为三个等级：

(1)特级翡翠：要素是祖母绿色、苹果绿色，玻璃地，绿色均匀、无杂色和裂纹，多为光身宝石级翡翠，其价值像帝王玉一般高贵。

(2)商业级翡翠：绿色，油青地，偶尔混有祖母绿色纹和斑点，微透明至半透明，可作高档的花件和中高档首饰翡翠。

(3)普通级翡翠：藕粉色、豆绿色、淡绿色、白色，质地细至粗，水种不佳，微透明到不透明，大多作中高档花件和中低档首饰。

根据以上分级，特级翡翠的价值一件在几万到几百万元之间，商业级翡翠的价值一件为几千至几万元，普通级翡翠的价值一件则为几十至几千元。每一级别中翡翠的价值差异也非常大。

汪毅飞先生在《翡翠种色划分及经济评价》一文中，为质量评价因素设计出得分比例，并将每一评价因素按极好、好、中、差四个级别分别评分后乘以它们的得分比例，最后相加，得到翡翠的综合评价分值，希望以半定量化来

▲ 露地水石

▲ 橙黄雾翡翠石

评价翡翠的价值。

也就是，在评价一件翡翠时，在认真察看它的颜色、质地、水种、形瑕的优劣后，分别给予它们一定分值，然后，乘以它们在翡翠评价中的得分比例后相加，就得到了这件翡翠的综合评价分值。

例如：一件白色的冰种小挂件，颗粒较粗，肉眼很容易看见棉和颗粒，形和工都很普通，它的评价因素得分大致是：颜色10、质地45、水种90、形瑕20，那么，这件饰品的综合得分就是：

$10 \times 40\% + 40 \times 30\% + 90 \times 30\% + 20 \times 10\%$
$= 45$分

根据相关标准，属中偏差，价值评价在1000元左右。

需要注意的是，评价翡翠的经济价值属于一种职业专家的行为，这是由于上述标准的评价方法还停留在主观观察的基础上，一个人的

经验和鉴别能力在评价中至关重要，所以上述方法仅能算作一种半定量的专家评估方法。此外还有以下因素可能导致评估出现差异：每个评价因素在不同翡翠中千差万别，各具特色；评价行为会因人而异，因个人喜好而异；颜色会随环境及光线的不同而出现偏差，在偏红的灯光下，会使绿色浓艳，标准的方法是在晴天阳光下观察；翡翠的价值还会随着市场上的多寡波动，甚至受地域的不同而出现差异，因为不同的地区，人们的喜好可能是截然不同的。

所以，要想正确地把握翡翠的价值，就须多观察、多比较、多了解当时的市场行情。

3.翡翠饰品的经济文化艺术价值

长期以来，人们对翡翠价值的评价通常局限于如上所述的技术因素的考虑，然而，翡翠作为中国玉器文化中重要的组成部分，其文化价值、艺术价值有时甚至会远超其品质评估的价值。这样的例子举手皆是，主要可归纳为以下几种情形。

(1)翡翠制品具有划时代意义

例如：作品《回归》是一件为纪念我国政府对香港恢复行使主权而雕刻的极具时代特色的艺术作品，集翡翠宝石、黄金、珍珠、珊瑚于一体，将珊瑚刻作红日，擎托蝉翼牙片制作的可翻动的微雕刻有香港特别行政区基本法，环抱四朵紫荆花，镶有三颗特大的极品合浦南珠，还雕有邓小平会见撒切尔夫人及董建华先生的肖像。更令人称绝的是以翡翠雕刻而成的九龙浮雕底座，犹如一叶激荡于海涛之中的飞舟，座上所刻蛟龙蟠虬，飞腾舞动，倒海翻江，栩栩如生。翡翠材料重1.8千克，老坑高色，质地细润、通透明亮。在以红珊瑚制成的红日上，还缀有8粒翡翠作为绿叶，将紫荆花装点得灿烂多姿，其价值自然不可限量。

此类作品还有如施禀谋先生的"迎97"、1972年中美建交时充当文化使者的翡翠饰品"红宝石翡翠胸针"等。它们均具不可估量的历史文化价值。

(2)翡翠制品具极高的艺术价值

主要是一些艺术大师们创作的收藏价值甚高的翡翠制品，如中国四大名翡翠作品"四海欢腾"、"群芳揽胜"、"含香聚瑞"、"岱岳奇观"；王树森大师的"龙凤呈祥、福寿双全"玉佩(1978年)，施禀谋大师的"龙的故乡"，吕昆等大师创作的"蓬莱仙境"等。这些作品雕技精良，设计出奇，寓意深厚，气势不凡，具极高的艺术价值，再加上选材上乘，其价值自不待言。

(3)翡翠制品出于清代皇家的

翡翠制品清代居多，因此清宫翡翠就带有古玩的含义。在清代慈禧太后墓中的翡翠制品之中；据民间流传，还有两件国宝：翡翠黄瓜和翡翠玲珑宝塔。还有现故宫博物院珍藏着的大量质地纯正、颜色艳绿的翡翠首饰，如镯、佩、花簪、钩条环、手串等，使用的工艺技法有镂刻、黑丝、镶嵌等，式样繁多，价值不可言估。加之慈禧太后酷爱翡翠，因此品质好的翡翠被尊称为"皇家玉"。在苏富比、佳士得、嘉德等拍卖会上均能见到它们的踪影，价值极高。

4.保值(或投资)翡翠的价值

翡翠价值究竟有多高，恐怕行家也难以真正正确地估价，此所谓"喜欢就是价"。我们可以从投资保值翡翠中略见一斑。

比如，50年前，有人在香港用100港币买到一件上佳的翡翠戒面，现在的价值已升到10万港币左右，其保值增值可达百倍千倍。在宝石大家族中，还没有其他宝石能像水色俱佳的上等翡翠一样投资千元，便可以迅速增至万元以上。几十年来，其他宝石甚至钻石，其价值有时也会下浮，而宝石级高档翡翠的价格则从未下浮过，总是直线上涨。好的翡翠原料(毛石或赌石)，其价值攀升之快之猛就更令人瞠目结

▲ 老帕敢场口黄沙皮

舌了。一块好的翡翠原料在缅甸矿区找到后，只要擦一个口子，种色俱佳肯定能卖到一个好价钱，买下这块原料的人，解开一看，里面也是好色好种，则可以将买价提升数倍乃至数百倍卖给珠宝商，珠宝商再将此料设计、切磨成上等成品，又可增值数倍，因此行内常有"好货富三家"的说法。可见投资翡翠确实有极大保值、增值前景，这里所说的"投资翡翠"指的是中上等的翡翠，特别是种色、形、地、水俱佳的好翠和特殊的绝品，这些翡翠晶莹碧绿，多姿多彩，充满灵气，升值率常常会以惊人的速度增长，是公认的保值投资对象。国际著名的佳士得、苏富比以及中国的嘉德拍卖会中，翡翠饰品的成交额经常独占鳌头，成交量非常高，有时价格甚至高出估价两倍多。

北京嘉德1995年秋季珠宝翡翠拍卖会中的翡翠佩饰，满绿的玻璃种马鞍戒指，艳绿的玻璃种翡翠手镯等收藏翡翠饰品，单件拍卖价全都在数万元至数百万元。一只全绿完美的翡翠手镯1995年在香港佳士得拍卖会上更是以惊人的1212万港元成交，创造了翡翠手镯拍卖的最高记录。

人们喜爱翡翠，是因为翡翠有时也可以说是身份的象征，所以，稀罕完美的翡翠价格自然不断攀升。如一件世间少有的玻璃种翠玉链坠，价值约250万港币，一件罕有的老坑种戒面色浓阳匀正，极为难得，价值为900万港币。

1995年苏富比香港春季拍卖会上翡翠的成交额近3000万港元，成交率也高达86%，一对色泽鲜绿的镶钻蛋圆翡翠指环最终以130万港

▲ 玉料

元成交，高出估价的两倍，可见，人们对精品翡翠的钟爱几乎达到了疯狂的境界。

翡翠中除了绿色外，其他色彩如春色、红色、黄色及七色翡翠，只要种好地好，做工精湛，同样具有投资收藏的价值。比如，一对水好、色匀的蜜糖色翡翠手镯，晶莹剔透，可价值38万港元。而一对难得一见的紫罗兰手镯，种、质、水均好，价值可达200万港元。

所谓"宁买绝、不买缺"，在对翡翠投资收藏时，应该具有一定的评价知识和眼光。至于对翡翠毛石或赌石的投资则更离不开长期的实践经验、丰富的相玉知识和胆识了，在翡翠毛石上投资，或获利颇丰、或赔本颇大是常有的事，这就是常说的"一刀穷，一刀富"。在赌石交易中大起大落，好似天方夜谭式的故事常常上演，数不胜数。

三、翡翠的收藏投资要点

翡翠素有"玉石之王"的美称，自古就深得人们的喜爱，也是许多人收藏投资的主要对象。事实上，许多人已从收藏投资翡翠中得到莫大的乐趣和巨大的收益。这里，我们愿意给那些也想尝试进行翡翠收藏投资的爱好者们，提供一些有益的建议。

在所有珠宝中，翡翠无疑是最具升值潜力的一种。首先，这是因为翡翠的稀有性。我们已经说过，当今世上，几乎可以说只有缅甸是中高档翡翠的唯一供应地，而且经过几百年的开采，资源已日见枯竭。相比之下，其他珠宝，如钻石、红蓝宝石、祖母绿等等，在世界上产地都很多，而且还有储量可观的新矿山启用，因而至少在近一两百年中，它们不会像翡翠那样存在资源枯竭的危机。其次，从需求的角度看，翡翠又具有极为巨大的潜在市场。众所周知，翡翠在我国和受中华文化影响的东北亚和东南亚地区人们的心目中，一直具有非常崇高的地位，长期以来都是人们购买珠宝时的首选目标。另外，从经济发展的角度看这些地区，还大多处于相对贫穷落后的阶段，有钱拥有珠宝的阶层占总人口的比例还比较低。所以，完全可以预测，随着社会经济的发展，大多数人逐渐摆脱贫困，也有了购买珠宝的资本时，翡

翠将面临一个多么庞大的需求群体。正是由于潜在的供需矛盾的不断升级，促使翡翠的价格不断攀升，特别是那些高档优质翡翠，其上涨的幅度更是常让人心惊肉跳。

我们知道，最具升值潜力的才是真正的天然翡翠，即所谓的"A货翡翠"。其他各种经人工美化处理的翡翠是不具升值潜力的。"B货翡翠"尽管也晶莹剔透，色泽艳丽，具有良好的装饰功能，但因其耐久性已遭到破坏，不宜久藏。至于"C货翡翠"或"镀膜翡翠"等，更是只具短暂的装饰价值，丝毫没有收藏意义。

鉴于市场上各种经人工美化的翡翠和廉价的翡翠仿冒品非常多，为了不致上当受骗，在购买时最好还是请珠宝鉴定机构对拟购的翡翠作出鉴定。一张翡翠鉴定证书通常包含以下内容：

编号：检测部门可藉此与原始记录查对。

形状：常见的有蛋面、玉牌、手镯等。

重量：一般以克或克拉表示（若是已镶嵌的，则该重量表示的是整体重量）。

尺寸：多以毫米表示。如果是蛋面会表示它的长×宽×高，如为手镯会表示它的外径和内径。

颜色：一般会描述它的基本色彩，色调浓度和色彩分布的均匀度。

透明度：通常分为透明、亚透明、半透明、微透明和不透明五个等级。

折射率：A货翡翠的折射率在1.65～1.68之间（高于或低于此值可要求鉴定师作出解释）。

密度：A货翡翠大多在3.30～3.36之间。

荧光反应：A货翡翠通常没有或只有极弱的荧光，B货翡翠则会显示中到较强的蓝白色荧光。

滤色镜检查：早期的染色（C货）翡翠在滤色镜下大多会显示红色，但近年生产的C货翡翠已很难见到这种现象。A货翡翠在滤色镜下通常为原色。

分光光谱：大多数翡翠（不论A货、B货或C货）在紫色光谱区可观测有437nm的吸收线。天然绿色翡翠在红色区能观测到3条吸收线，而染色翡翠在红色区可发现其吸收线变粗或合并成带状。

结构：翡翠是由矿物晶粒集合组成，普遍具

▲ 翡翠次生石

有中至细粒柱粒状或纤维状结构。一些绿色翡翠常常会观测到有被称为"色根"的绿色矿物。

此外还要注意有无表面特征的描述。A货翡翠表面一般都比较平滑，B货会有较多的侵蚀沟槽。

其他：有些证书会附有所测样品的照片（但照片上的颜色很可能会失真）。一些价格昂贵的翡翠还可能会附有红外吸收光谱的曲线，可据此判断有无有机物的充填。

结论：根据上述各项测定结果，可大抵上确认所测样品的类型，作出结论。若仅写"翡翠"两字，即为A货；如果为B货、C货则会被检测人员写成"翡翠（处理）"然后加注说明是B货或C货。如果是仿冒品，结论就会写上其他名称，而没有"翡翠"两字。

评估翡翠的价值，除了前面介绍的颜色、透明度、质地、瑕疵、绺裂、大小和切工这七个主要因素之外，还有一个非常重要的因素——制作的年代。迄今在国内已发现的翡翠制品中，年代最早的是明代。明以前还未发现有翡翠制品。因此，如果有人有幸找到一块可确证是明以前的制品，那么，就算是一块最普通的翡翠制品，也会是价值连城。另外，明代和清代的翡翠制品会比当代的制品价值更高（当然，这是指有证据证明确实是明清的制品）。

翡翠的硬度是6.5～7，虽然比钢铁、玻璃硬，但不如钻石、红蓝宝石、祖母绿等。所以，收藏时一定要注意不让其与其他硬物相接触，不用时应单独用软布包裹，妥善放置。

有人认为翡翠应经常佩戴，让其与人体分泌的油脂接触，会使其更加晶莹剔透。这话有

▲ 翡翠如意双福佩
尺寸：45.3毫米×31.5毫米×3.3毫米
拍卖时间：1997年12月7日
估价：RMB 28,000~30,000

▲ 清 翡翠福字佩
尺寸：38.9毫米×28.2毫米×3.3毫米
拍卖时间：1997年12月7日
估价：RMB 24,000~26,000

▲ 翡翠钻石吊坠
拍卖时间：1999年11月1日
估价：HK$ 13,000~15,500

▲ 翡翠红宝石吊坠
拍卖时间：1999年11月1日
估价：HK$ 3,900~4,500

▲ 翡翠手镯
拍卖时间: 1999年11月2日
估价: HK$ 91,000～104,000

▲ 翡翠手镯
拍卖时间: 1999年11月2日
估价: HK$ 78,000～91,000

▲ 翡翠手镯
拍卖时间: 1999年11月2日
估价: HK$ 285,000～325,000

▲ 翡翠手镯
拍卖时间: 1999年11月2日
估价: HK$ 23,500～26,000

一定的道理，因为油脂的渗入有助于改善翡翠内部绺裂的透光度，这就像祖母绿通过浸油来掩盖它的裂纹一样。当然，事物是两方面的，有利就有弊，人体油脂和汗液的渗入，特别是汗液含有盐分和汗酸，天长日久对翡翠也会产生轻微的侵蚀，致使其表面光洁度变暗。因此，夏日佩戴翡翠还是需要注意擦去汗渍，适当清洗。另外，也不要让翡翠接触香水、化妆品和酸碱，它们对翡翠都会造成一定的伤害。

四、翡翠原料的收藏与投资

翡翠原料不好识别，主要原因是原料有一层厚厚的皮，所开的门子及擦口，又不能完全表明整块原料的好坏。因此在收藏时，要认真察看切口及整块玉料，从是否有绿，绿的可能走向；绿的多少，集散程度与颜色的偏正、浓、淡、阳、和水的长短以及绺裂的多少来综合考虑。

收藏翡翠原料最好去信誉好的公司或个人那里去交易，还要注意查看翡翠相关鉴定证书的真假。

收藏翡翠原料特别是高档原石时，要自有主见，防止中别人的圈套。

如果发现大玉石原料擦小口，口口见绿时一定要当心。皮上表现很普通时，应用低价的砖头料标准来收藏。

若发现翡翠原料上的铺口、断口、切口、擦口等绿色很好，但没抛光，更要特别当心。这样的料通常是因为绺裂多、底发灰、绿不正、水不好或绿内发黑等原因而不抛光。

玉料，特别是高档玉料在看货以前，货主在玉料上找绿时，一般都会留下许多磨擦挖的痕迹。这些痕迹常是一些没有绿色的地段。若在一块玉料上到处可见找绿的痕迹时一定要小心。

在翡翠的切口处能看见一大片绿（俗称"满绿"）时也要当心，民间有"不怕一条线，只怕一大片（指绿）"的说法。

这一大片其实是沿绿的走向，即平行绿的方向切一刀所致。其实绿的厚度不过薄薄一层而已。

用聚光电筒察看翡翠，只能看其内水的好坏、杂质和绺裂的多少，无法判断绿色的正偏亮阴。任何色调在聚光电筒照射下，都有可能

发出亮丽的色彩来。

如果玉料已切下一片，在收藏时务必要仔细观察切下来的那一小片。要从两片的合缝处，观察绿是否有可能向大块玉料延伸。

缅甸所产玉石原料，因产地有别，质量也会有差异，所以最好预先了解翡翠产地的特征。

在收藏翡翠原料时，要仔细查找癣、鳞、松花等特征，翡翠原料有这些特征表明皮下可能会有绿色。

在收藏满绿色的原料时，应了解水的好坏对制成品的影响，否则可能受损失。若光线能够渗入翡翠原料几厘米内，绿好且晶莹美丽，要知道这样的料做不了高档戒面，如果做戒面可能会出现绿淡甚至无色的情况，所以一定要了解水与绿的关系。在通常情况下，中午阳光能照进切开了的翡翠内部6～13毫米为好，要用原料的厚薄来调整制成品的水色最佳厚度。

不要因为有了一次成功的经验，便去投更大的资金。因为原石买卖里陷阱太多。你这次碰了个好运气，下次好运气就不一定还光顾你。

在翡翠矿区以外的地方，不要买赌货。国内经常听到有人买块大玉赌涨了，卖了几千万几个亿，肯定不会有那回事，不过是新闻炒作而已，别有目的。

五、翡翠的保养常识

翡翠的产地大多水源丰富，翠石里自然含有较丰富的水分子，一旦到了北方干爆的环境里，失水是不可避免的事，特别是那些种粗的翡翠失水就更加容易，失水会使翡翠变干，干了后就会产生绺和裂，绺裂多了翡翠就会失去

其美丽。其实翡翠最简单最实用的"养护"就是将之佩挂在身上即可。不论它在人体的哪个部位都有人体温润的小环境给其补充水份，使其润泽，水头得到改善，一些"棉""絮"也会逐渐消退变透，这就叫"人养玉"。

1.佩戴

翡翠通常韧性很强。但有些人却将这一特性误解为不怕摔打。却不知翡翠同样需精心保养，才能永久娇美、温润。在佩戴翡翠首饰时，要避免使它从高处坠落或撞击硬物，尤其是有少量裂纹的翡翠首饰。否则极易破裂或损伤。佩带或脱下时最好在有沙发、地毯等安全的地方进行；佩带翡翠挂件，还要留心红绳、项链是否结实，发现坏了应即时更换。

翡翠首饰在雕琢之后，通常都会上蜡以提升其亮丽程度。所以翡翠首饰不能与酸、碱和有机溶剂接触，就算是没有上蜡的翡翠首饰，由于它们是多矿物的集合体，也应避免与酸、碱长期接触。这些化学试剂都会对翡翠首饰表面产生腐蚀作用。

翠玉除了忌汗油之外，实质上也很忌油烟油腻。因此，若是保值的高档品种，不宜佩带着进厨房煮食。翠玉也不适合接近高温和烟火，更不能让太阳曝晒。因为长期如此，会使光泽失去，变得没有那么鲜阳。翠玉也不可接触强酸溶液，诸如硫酸（镪水）、硝酸、盐酸等，这些化学制剂会破坏颗粒结构和色泽。若搭乘飞机，由高温的热带地区飞到寒冷的北方，身上佩带的翠玉或多或少也会受热胀冷缩的影响。同理，由冰冷的北方飞到热带地区也是同样的道理。太大的温差与压力会以使颗粒结构产生变化（如微裂），只是我们用肉眼难以察觉。因此，若遇这种忽冷忽热的状况，应加强对翡翠的保护。

目前市场上有一些B货天然翡翠材料，是经硫酸浸泡、注胶后的产品，它怕高温，所以不要在烹饪或高温地方工作时戴B货翡翠首饰，特别是B货翡翠手镯，遇高温很容易使翡翠中的充填物（胶）老化变质，同时也可使经酸处理掉的铁锈斑又重新氧化。另外也不要将翡翠首饰长期放在箱里，天长日久翡翠首饰也会失水变干。佩戴和收藏翡翠饰品时，不要与其他宝石、钻石类首饰直接接触。因为它们硬度不同，相互接触碰撞，容易产生损伤。

2.保管

翡翠的存储器应该有天然的纤维（棉花、丝）等作为铺衬，并且单独放置以免相互碰撞，储存的环境、温度、湿度最好保持稳定，运动时不要佩带珠宝，因为碰撞、撞击和摩擦都会损坏包括翡翠在内的任何珠宝。进行游泳或其他水上运动，更应小心，水中的氯和其他化学物质及污染物对翡翠等珠宝有很强的溶蚀作用，应避免翡翠等宝石触及自然水。

长时间地佩戴首饰后，若感觉款式陈旧，或者是觉得太脏，或觉得有点变形，此时，可到信誉良好的首饰店去翻新整形或抛光，使您的翡翠饰品靓丽如新，重新焕发无穷的魅力。

另外，假如时间充足的话，不妨经常用软布擦拭翡翠和金托，这样可使您的饰品保持长久的美丽。

3.清洗

翡翠首饰是高雅圣洁的象征，若长期使之接触油污，会使油污沾在翡翠首饰表面，影响其华丽的外表。严重时污浊的油垢会沿翡翠首饰的裂纹沁入内部，很不雅观。因此在佩戴翡翠首饰时，要注意保持翡翠首饰的清洁。通常半个月左右就要清洗一次。

下面介绍两种清洁方法，以供参考：

（1）手工洗涤方法

在工作台上铺上软布或软巾，取一只小塑料碗，盛上大半类似体温的清水，加一滴清洁剂或清洗液，准备完毕后，用一把天然纤维制作的小刷和一些削尖的小木棒，就可以清洗翡翠首饰或其他翡翠制品了——塑料或尼龙制作的刷子不可使用！清洗时应注意：

①工作台上的软布软巾不可缺少，目的是为了防止翡翠材料溜滚、弹落，有槽孔的洗涤槽切记不要使用。

②含有氯、酸、酒精或其他化学成分的洗涤剂不要随便滥用，应视翡翠制品材料类型酌情使用，以免其变色。

③翡翠制品上的污点在刮除时，应用小木棒削尖端轻轻刮除，切不可用尖硬的大头钉等金属材料。

▲ 切开后翡翠料中的内部

▲ 翡翠原石

④最好使用30℃左右的水，水温适宜的热水既可使粘胶变软，亦可使翡翠制品免受热震动的损害。

⑤配备合适的放大镜，以便时时观察清洗效果。

⑥清洗干净后应将之放在阴凉的地方晾干，不能直接放置于阳光之下，以免遭受阳光或紫外线的破坏。

⑦浸泡对某些翡翠材料不利，因为有些翡翠材料能吸水，引起颜色的变化，有时可能还会引起其内部物质结构的变化。因此，一定要记住吹干首饰，或用软纸吸干首饰上的水。

⑧在倒掉清洗液之前，注意清点清洗的数目，以防丢失。

(2)机械洗涤方法

就算是行家，使用这种方法也应小心，因为这种方法除了容易发生波的危害外，热的影响引起的危害也是巨大的，下面分三种方法，祥述如下：

①超声波洗涤

使用超声波洗涤器能使波能在清洗液中的固体表面上(亦即翡翠材料表面)集中，形成微小真空，真空聚爆即能除去污物，但波的震动和引起的洗涤池温度升高对材料会有所损害，使液体和其他自然的包裹体扩大爆炸，虽然多数超声波洗涤生产厂家都备有专门的洗涤液，使操作的时间大为缩短，避免了上述问题，但需要特别提醒的是：有较大裂隙的翡翠最好避免用超声波清洗；特别脏的首饰，超声波清洗是起不到效果的。

②蒸汽洗涤

对精致的或胶合的翡翠会导致严重问题。

③煮沸洗涤

此方法引起的温度变化会带来很大的风险，如必须用此方法洗涤，最好先将翡翠材料预热再放入沸水，洗涤后亦要慢慢冷却晾干。

总之，机械洗涤方法能不用就最好别用。

要使翡翠饰品保持长久的光泽与永恒的色彩，就离不开精心的保养。

对于镶嵌类翡翠饰品，应定期到珠宝店清洗和检查，以防金属爪托松弛，翡翠脱落损坏。

▲ **翡翠手镯**
拍卖时间：1992年4月29日
成交价：HK$ 2,970,000
拍卖公司：苏富比香港拍卖公司

▲ **翡翠珠链**

由13粒翡翠珠组成，为祖母绿，质地莹润

拍卖时间：1998年春

成交价：HK$ 7,350,000

拍卖公司：佳士得香港拍卖公司

▲ **翡翠手镯**

种质与水分均佳

▲ **翡翠手镯**

拍卖时间：1987年11月15日

成交价：HK$ 990,000

拍卖公司：苏富比香港拍卖公司

▲ **翡翠扭绳纹手镯**

拍卖时间：1988年11月16日

成交价：HK$ 7,040,000

拍卖公司：苏富比香港拍卖公司

▲ 翡翠刻竹节手镯
拍卖时间：1990年5月16日
成交价：HK$ 1,760,000
拍卖公司：苏富比香港拍卖公司

▲ 翡翠云龙纹手镯
尺寸：直径8.3厘米
拍卖时间：2005年8月14日
成交价：RMB 352,000
拍卖公司：中拍国际

▲ 翡翠手镯
拍卖时间：1985年11月19日
成交价：HK$ 1,045,000
拍卖公司：苏富比香港拍卖公司

▲ 翡翠手镯（一对）
年代：清
尺寸：内径7.65厘米　厚0.95厘米
参考价：RMB 68,000元

▲ 方形翡翠手镯（一对）
年代：清前期
内径：长6.3厘米　宽5.6厘米
估价：RMB 130,000-150,000

▲ 翡翠手镯
尺寸：内径7厘米
拍卖时间：2005年5月28日
估价：RMB 38,000-40,000
成交价：RMB 41,000

▲ 翡翠手镯
年代：清　尺寸：直径6.5厘米
拍卖时间：2003年11月26日
估价：RMB 90,000-120,000

▲ 翡翠手镯
拍卖时间：1999年11月2日
估价：HK$ 285,000-325,000

▲ 翡翠手镯（一对）
年代：清
拍卖时间：1997年4月30日
估价：HK$ 390,000-520,000

▲ 翡翠手镯
尺寸：内径5.8厘米　厚0.9厘米
拍卖时间：1993年3月22日
估价：HK$ 1,000,000-1,200,000

▲ 翡翠雕刻手镯
拍卖时间：1998年4月29日
估价：HK$ 8,000-10,000

▲ **翡翠翎管**
年代：清
拍卖时间：2004年11月30日
成交价：RMB 19,800
拍卖公司：上海嘉泰

▲ **翡翠翎管**
年代：清 尺寸：高7.3厘米
拍卖时间：2005年6月13日
估价：RMB 100,000
拍卖公司：天津文物

▲ **翡翠扳指**
年代：清 尺寸：内径2厘米
拍卖时间：2001年7月2日
成交价：RMB 143,000
拍卖公司：北京瀚海

▲ **翡翠扳指**
年代：清
拍卖时间：2002年4月23日
成交价：RMB 60,500
拍卖公司：中国嘉德

◀ 翡翠镂空龙纹带钩
年代：清
尺寸：长9.1厘米
拍卖日期：2000年5月2日
估价：HK$ 200,000-300,000
成交价：HK$ 235,750
拍卖公司：苏富比香港拍卖公司

◀ 翡翠雕龙带钩
年代：清中期
尺寸：高2.1厘米
拍卖时间：2002年10月23日
成交价：RMB 19,800
拍卖公司：上海崇源

◀ 翡翠螭龙钩
年代：清
尺寸：长7.6厘米
拍卖时间：2005年12月12日
成交价：RMB 52,800
拍卖公司：北京瀚海

▲ **翡翠螭龙带扣**
年代：清
拍卖时间：2002年12月2日
成交价：RMB 44,000
拍卖公司：上海友谊

▲ **翡翠龙钩**
年代：清
尺寸：9.73厘米×2.33厘米×2.31厘米
估价：RMB 175,000-190,000

▲ **翡翠龙钩**
年代：清
尺寸：9.9厘米×2.65厘米×2.4厘米
估价：RMB 200,000-220,000

▲ 翡翠螭虎带扣

年代：清

尺寸：10.23厘米×2.82厘米×1.92厘米

估价：RMB 35,000-40,000

▲ 翡雕龙纹带扣

年代：晚清

拍卖时间：2000年10月30日

估价：HK$ 77,000-100,000

▲ **翡翠文带**
年代：清
尺寸：长6.7厘米
拍卖时间：1999年12月6日
估价：RMB 13,000-16,000

▲ **翡翠浮雕螭琥带扣**
尺寸：长8.3厘米
拍卖时间：1999年1月17日
估价：RMB 15,000-18,000

▲ 苹果绿花开富贵吊坠

▲ 翡翠雕麒麟扳指
年代：清
尺寸：高2.5厘米 直径3厘米
拍卖时间：1999年12月6日
估价：RMB 45,000-65,000

翡翠龙带勾
年代：清 尺寸：长6.3厘米
拍卖时间：1999年8月3日
估价：RMB 350,000-500,000

▲ 翡翠耳钉（一对）
拍卖时间：1999年11月2日
估价：HK$ 41,500-45,000

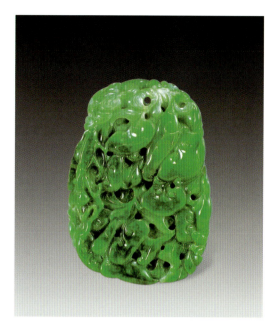

▲ 翡翠灵芝佩
年代：清
尺寸：5厘米×7厘米
拍卖时间：1999年12月6日
估价：RMB 200,000-300,000

▲ 翡翠雕鸳鸯荷莲纹挂件
年代：民国
尺寸：长12.5厘米　直径8厘米
拍卖时间：2004年6月27日
估价：RMB 10,000-15,000

▲ 翡翠手镯
尺寸：直径8.5厘米
拍卖时间：2004年6月25日
估价：RMB 5,000-7,000

▲ 翡翠手镯
拍卖时间：1990年11月14日
估价：HK$ 30,000-40,000

▲ 翡翠三套环（一对）

年代：清

尺寸：直径3.8厘米　厚1.83厘米

拍卖时间：1996年1月28日

估价：RMB 650,000-800,000

▲ 鲤跃龙门翠玉镂空牌/龙凤呈祥翠玉牌

尺寸：高12.7厘米

拍卖时间：2002年11月23日

估价：HK$ 160,000-180,000

▲ 玉防清远翠蝴蝶（正面）

▲ 翡翠松鼠顶马鞍戒指

拍卖时间：1999年11月1日

估价：HK$ 26,000-32,500

▲ 翡翠珍珠蝴蝶形胸针(右)
拍卖时间：1997年4月30日　估价：HK$ 5,200-7,800

▲ 翡翠吊坠（左）
拍卖时间：1997年4月30日　估价：HK$ 5,200-7,800

▲ 翡翠钻石吊坠（右）
拍卖时间：1997年4月30日　估价：HK$ 110,000-150,000

▲ 翡翠钻石吊坠（左）
拍卖时间：1997年4月30日　估价：HK$ 3,900-5,200

▲ 翡翠红宝石钻石耳钉（一对）
拍卖时间：1999年11月1日
估价：HK$ 6,500-9,000

▲ 翡翠六六大顺结坠
尺寸：31.8毫米×25毫米×2.2毫米
拍卖时间：1997年12月7日
估价：RMB 18,000-20,000

▲ 翡翠桃心坠

▲ 翡翠立像

▲ 翡翠福禄喜寿吉祥图
年代：清　尺寸：高8.5厘米
拍卖时间：2003年9月21日
成交价：RMB 68,200
拍卖公司：北京传是

▲ **翡翠嫦娥奔月佩**

此佩为我国工艺美术大师王树森大师精工之作。他亲自设计、加工，以中国民间传说"嫦娥奔月"为题材进行雕刻。其雕刻技术极为精湛，设计极为巧妙，是王树森大师的杰出作品之一，为罕见的翡翠工艺品之收藏精品。

年代：现代　尺寸：长6厘米

拍卖时间：2004年11月22日　成交价：RMB 1,800,000

▲ **翠带扣**

年代：清

尺寸：长8.9厘米

拍卖时间：2003年11月26日

估价：RMB 35,000-55,000

▲ **翠扳指**

尺寸：2.9厘米×3.1厘米

拍卖时间：2003年11月26日

估价：RMB 85,000-120,000

▲ **翡翠珠子项链**
尺寸：长42厘米
估价：RMB 7,800,000

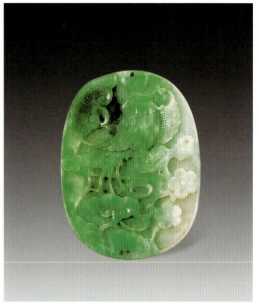

▲ **翡翠挂件**
年代：民国
尺寸：长7.4厘米
拍卖时间：2002年12月10日
估价：RMB 12,000-15,000

▲ **翡翠挂件**
年代：高3.639厘米
估价：HK$ 160,000-200,000

▲ **翡翠钻石耳环（一对）**
尺寸：3.968厘米×1.199厘米×0.893厘米
3.948厘米×1.153厘米×0.843厘米
估价：RMB 3,800,000

▲ **玉兔东升挂件**

尺寸：3.3厘米×1.6厘米×0.8厘米

拍卖时间：1996年1月28日

估价：RMB 150,000-170,000

▲ **翡翠珍珠虾**

尺寸：4.1厘米×2.2厘米×0.5厘米

拍卖时间：1996年1月28日

估价：RMB 80,000-120,000

▲ **翡翠镶钻刻松竹梅吊坠**

拍卖时间：1990年11月14日

成交价：HK$ 2,750,000

拍卖公司：苏富比香港拍卖公司

▲ **翡翠镶钻刻豌豆吊耳坠（一对）**

拍卖时间：1992年4月29日

成交价：HK$ 913,000

拍卖公司：苏富比香港拍卖公司

▲ 翡翠镶钻刻双蝠花叶胸针
年代：清　拍卖时间：1992年4月29日
成交价：HK$ 2,750,000
拍卖公司：苏富比香港拍卖公司

▲ 翡翠雕观音像
尺寸：高48厘米　拍卖时间：2005年1月10日
成交价：RMB 385,100
拍卖公司：北京东正

▲ 福交元宝
尺寸：53厘米×15厘米×5厘米
拍卖时间：1996年1月28日
估价：RMB 50,000-60,000

▲ 翡翠三联圈（一对）
尺寸：直径1.4厘米　拍卖时间：1998年9月5日
估价：RMB 55,000-70,000

▲ 翡翠赏瓶
尺寸：高13厘米　宽10厘米
估价：RMB 400,000-450,000

▲ 翡翠蛋面戒指
拍卖时间：1993年4月28日
成交价：HK$ 4,970,000
拍卖公司：苏富比香港拍卖公司

▲ K金镶翡翠戒指
年代：清　尺寸：0.65厘米×1.1厘米
拍卖时间：2003年11月26日
成交价：RMB 11,000　　拍卖公司：中国 嘉德

▲ 翡翠雕观音立像
年代：清　尺寸：高48厘米
拍卖时间：2007年8月17日
成交价：RMB 385,000　　拍卖公司：北京东正

▲ 翡翠雕双獾佩
年代：民国　尺寸：长3.3厘米
拍卖时间：2002年12月5日　　成交价：RMB 23,100

▲ 翡翠龙钩
年代：清中期　尺寸：长9厘米
拍卖时间：1996年11月16日　　估价：RMB 100,000-150,000

▲ 翡翠精雕"四季花开春满堂"摆件
尺寸：总高10厘米
拍卖时间：2005年5月15日
成交价：RMB 16,000,000
拍卖公司：中国 嘉德

▲ 慈禧太后油画像中的首饰　清　佚名

▲ 翡翠花件蛟结四方
尺寸：高4.8厘米　宽4.8厘米
估价：RMB 900,000-1,200,000

▲ 翡翠雕双耳盖炉
尺寸：高13.8厘米
成交价：RMB 1,620,000

▲ **翡翠雕白菜摆件**
年代：清　尺寸：高28.6厘米
拍卖时间：1988年11月17日
成交价：HK＄2,200,000
拍卖公司：苏富比香港拍卖公司

▲ **翡翠塔**
年代：清晚期
尺寸：高45厘米
拍卖时间：2000年11月22日
估价：HK＄10,000-15,000
成交价：HK＄18,900
拍卖公司：苏富比香港拍卖公司

▲ **翠玉瓜形鼻烟壶**
年代：清　尺寸：高7.2厘米
拍卖时间：1997年4月28日　估价：HK＄20,000-30,000

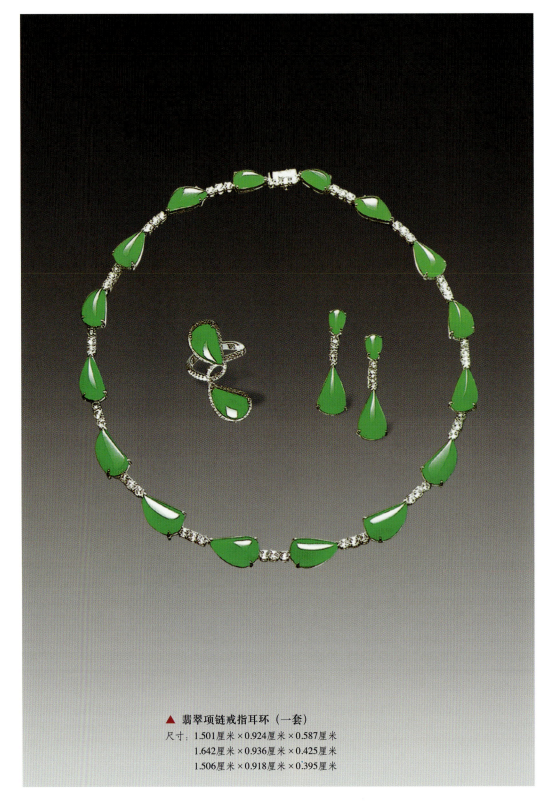

▲ 翡翠项链戒指耳环（一套）
尺寸：1.501厘米×0.924厘米×0.587厘米
　　　1.642厘米×0.936厘米×0.425厘米
　　　1.506厘米×0.918厘米×0.395厘米

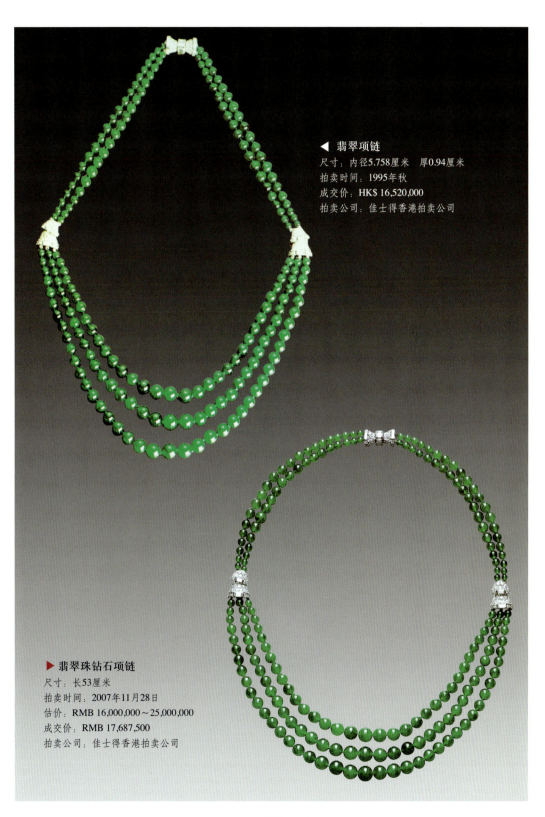

◀ **翡翠项链**
尺寸：内径5.758厘米　厚0.94厘米
拍卖时间：1995年秋
成交价：HK$ 16,520,000
拍卖公司：佳士得香港拍卖公司

▶ **翡翠珠钻石项链**
尺寸：长53厘米
拍卖时间：2007年11月28日
估价：RMB 16,000,000～25,000,000
成交价：RMB 17,687,500
拍卖公司：佳士得香港拍卖公司

▲ 翡翠狮钮三足炉
年代：清　尺寸：高14.2厘米
拍卖时间：2003年4月20日
成交价：RMB 69,300　拍卖公司：上海崇源

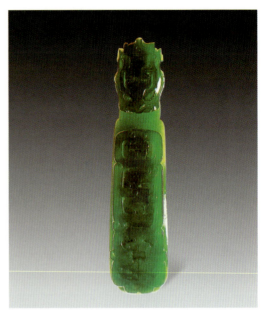

▲ 翡翠带钩
年代：清　乾隆
尺寸：长7.7厘米

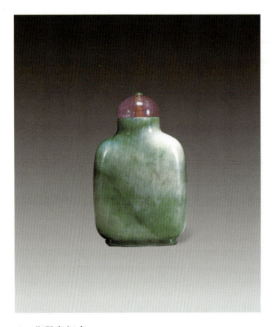

▲ 翡翠鼻烟壶
年代：清　雍正　尺寸：高6.6厘米
拍卖时间：1998年4月28日
估价：HK$ 10,000-15,000　成交价：HK$ 11,500

▲ 翡翠雕桃花源摆件
尺寸：14厘米×6.6厘米×2.9厘米
拍卖时间：2004年11月6日
估价：RMB 13,000,000　拍卖公司：中国　嘉德

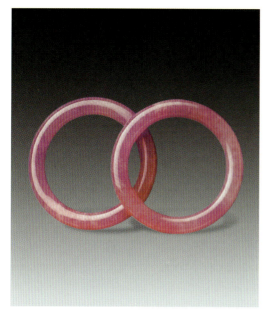

▲ 紫翠手镯（一对）
拍卖时间：1988年11月16日
成交价：HK$ 792,000
拍卖公司：苏富比香港拍卖公司

▲ 翡翠手镯
拍卖时间：2000年10月30日　　估价：HK$ 8,000-10,000
▲ 紫青翡翠手镯（一对）
拍卖时间：2000年10月30日　　估价：HK$ 32,000-38,000

▲ 翡翠手镯
尺寸：内径5.758厘米　厚0.94厘米
估价：RMB 8,000,000

▲ 绿料手镯（一对）
尺寸：直径5.8厘米
估价：RMB 10,000-15,000
拍卖时间：2004年11月22日

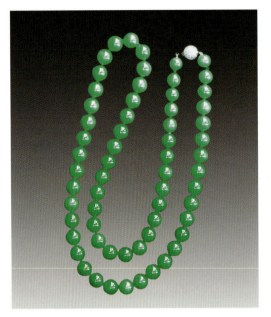

▲ **东方明珠项链**
尺寸：直径1-1.15厘米　63粒
拍卖时间：2007年12月16日
估价：RMB 1,030,000～1,200,000
成交价：RMB 1,133,000　拍卖公司：诗家

▲ **翡翠塔珠链**
拍卖时间：1991年10月30日
成交价：HK$ 13,200,000
拍卖公司：苏富比香港拍卖公司

▲ **翡翠扳指**
年代：清　尺寸：高2.6厘米
拍卖时间：2003年8月28日
估价：RMB 8,000

▲ **翡翠吊坠**
尺寸：高2.4厘米×0.9厘米×0.6厘米
拍卖时间：2004年4月25日
估价：RMB 13,000-18,000

▲ 紫罗兰雕玉女立像

▲ 翡翠福海观音坐像
尺寸：高22.5厘米　宽8厘米
估价：RMB 600,000-650,000

▲ 雕花翡翠挂件
尺寸：4.9厘米×2.8厘米
估价：RMB 18,000-28,000
拍卖时间：1997年11月16日

▲ 翡翠烟嘴
尺寸：长7.5厘米
估价：RMB12,000-22,000
拍卖时间：1997年11月16日

▲ 翡翠三层文具盒
年代：清
尺寸：高27厘米

▲ 二色石

▲ 浅灰色砂皮下的翠

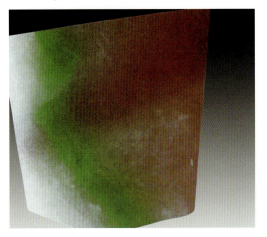

▲ 翡翠中绿筋

▲ 翡翠原料中的色根

▲ 莹石

▲ 切开原石表面露出的小门子

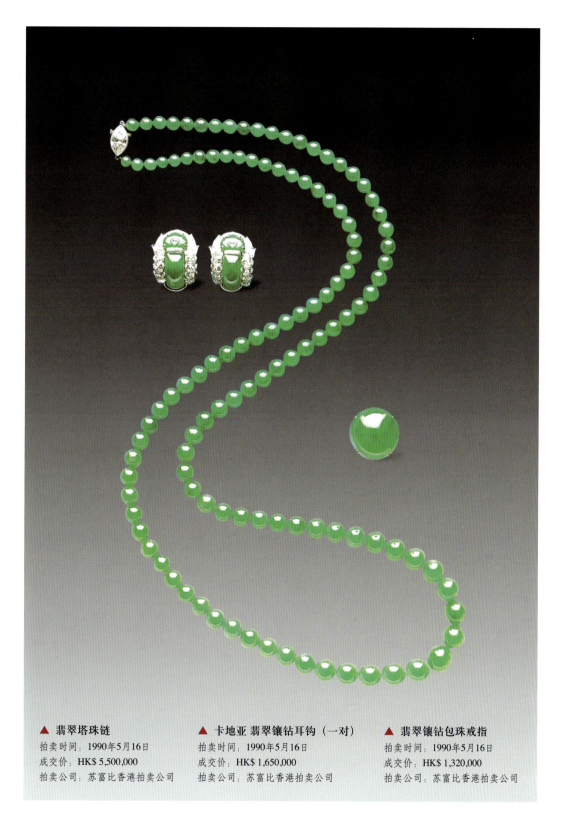

▲ 翡翠塔珠链
拍卖时间：1990年5月16日
成交价：HK$ 5,500,000
拍卖公司：苏富比香港拍卖公司

▲ 卡地亚 翡翠镶钻耳钩（一对）
拍卖时间：1990年5月16日
成交价：HK$ 1,650,000
拍卖公司：苏富比香港拍卖公司

▲ 翡翠镶钻包珠戒指
拍卖时间：1990年5月16日
成交价：HK$ 1,320,000
拍卖公司：苏富比香港拍卖公司

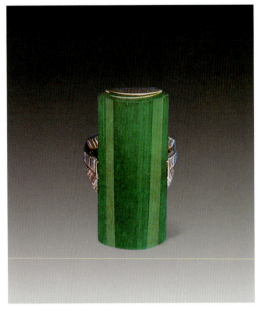

▲ 翡翠镶钻戒指
拍卖时间：1989年11月15日
成交价：HK$ 2,200,000
拍卖公司：苏富比香港拍卖公司

▲ K金镶翡翠戒指
年代：清　尺寸：长1.6厘米
拍卖时间：2005年7月17日
成交价：RMB 275,000
拍卖公司：北京瀚海

▲ 翡翠镶钻蛋面戒指
拍卖时间：1992年4月29日
成交价：HK$ 3,740,000
拍卖公司：苏富比香港拍卖公司

▲ 翡翠紫水晶耳钉戒指
估价：HK$ 19,500-26,000
拍卖时间：1999年11月1日

▲ 翡翠戒指

拍卖时间：1999年11月1日　　估价：HK$ 32,500-45,000

▲ 翡翠耳钉

拍卖时间：1999年11月1日　　估价：HK$ 32,500-36,500

▲ 22K金镶翠戒耳钳

尺寸：圈口1.7厘米

　　　2.8厘米×1.6厘米　　1.4厘米×1.7厘米

拍卖时间：1998年5月15日

估价：RMB 40,000　　成交价：RMB 38,000

▲ 翡翠镶钻蛋面戒指

拍卖时间：1989年5月17日

成交价：HK$ 2,090,000

拍卖公司：苏富比香港拍卖公司

▲ 翡翠圆戒（算盘子）

尺寸：圈围1.7厘米　　宽度0.78厘米　　厚度0.3厘米

成交价：RMB 253,000

拍卖时间：2004年7月3日　　拍卖公司：上海崇源

▲ 18K金镶翡翠钻石链吊坠

拍卖时间：1998年1月10日

估价：HK\$ 200,000-250,000

▲ 翡翠雕刻龙凤吊耳环（一对）

年代：约1900年　　拍卖时间：1992年10月28日

成交价：HK\$ 1,540,000

拍卖公司：苏富比香港拍卖公司

▲ 翡翠钻石首饰（一套）

拍卖时间：2007年5月30日

估价：RMB 3,200,000～5,000,000

成交价：RMB 4,104,000

拍卖公司：佳士得香港拍卖公司

▲ 翡翠雕刻龙凤吊耳环（一对）

年代：约1900年

拍卖时间：1992年10月28日

成交价：HK\$ 1,540,000

拍卖公司：苏富比香港拍卖公司

▲ 卡地亚翡翠怀古镶钻及蓝宝吊耳环表　杠胸针（一对）
年代：约1925年　拍卖时间：1987年11月25日
成交价：HK$ 3,080,000
拍卖公司：苏富比香港拍卖公司

▲ 翡翠镶钻凤形发饰
年代：约1910年
拍卖时间：1989年5月17日
成交价：HK$ 715,000
拍卖公司：苏富比香港拍卖公司

▲ 翡翠钻石花卉胸针

尺寸：4.793厘米×2.576厘米×1.323厘米
　　　2.198厘米×1.505厘米×0.523厘米
估价：RMB 1,200,000

▲ 翡翠镶钻刻椒形吊坠

年代：清　拍卖时间：1988年11月17日
成交价：HK$ 7,480,000
拍卖公司：苏富比香港拍卖公司

▲ 翡翠镶钻刻花叶胸针

年代：现代
拍卖时间：1991年5月1日
成交价：HK$ 1,760,000
拍卖公司：苏富比香港拍卖公司

▲ 半圆柱式通明翡翠珠宝袖扣

拍卖时间：2002年10月28日
估价：HK$ 49,000-65,000

▲ 翡翠透雕花鸟坠
年代：清　尺寸：长6厘米
拍卖时间：2005年7月17日
成交价：RMB 132,000　拍卖公司：北京瀚海

▲ 翡翠钻石蓝宝石吊坠
尺寸：6.6厘米×1.15厘米
拍卖时间：2004年1月16日
估价：RMB 1,600,000　拍卖公司：中国嘉德

▲ 翡翠朝珠（四粒）
年代：清期
尺寸：直径2.4厘米　厚0.4厘米
估价：RMB 180,000-200,000

▲ 仿三彩翠坠（背面）

▲ 翡翠荷莲佩

年代：清　尺寸：长5.3厘米

拍卖时间：2004年6月28日

成交价：RMB 22,000

拍卖公司：北京瀚海

▲ 翡翠雕龙凤佩

年代：清　尺寸：高6.3厘米

拍卖时间：2001年7月2日

成交价：RMB 77,000

拍卖公司：北京瀚海

▲ 翡翠连年年有余佩

年代：清

尺寸：6.61厘米×4.43厘米×0.59厘米

估价：RMB 220,000-250,000

▲ 翡翠雕"在家多如意"龙扳指

年代：清　乾隆　成交价：RMB 19,800

拍卖时间：2001年1月7日

拍卖公司：北京盘龙

▲ 翡翠吊坠

估价：HK$ 155,000-170,000

拍卖时间：1999年11月2日

▲ 翡翠雕螳螂扁豆坠

年代：清　尺寸：宽4.4厘米

拍卖时间：2003年11月27日

成交价：RMB 30,800

拍卖公司：北京华辰

▲ 翡翠紫罗兰挂件

尺寸：高3.4厘米　宽1.9厘米

估价：RMB 45,000-65,000

▲ 翡翠多福多寿坠

尺寸：4.8厘米　估价：RMB 300,000

拍卖公司：北京瀚海

拍卖时间：2004年6月28日

▲ **翡翠簪**

年代：清晚期　　尺寸：长12.4厘米

拍卖时间：2003年7月7日　　估价：HK$ 100,000-120,000

成交价：HK$ 119,500　　拍卖公司：佳士得香港拍卖公司

▲ **翡翠如意**

年代：清　尺寸：长11厘米

拍卖时间：2005年9月17日

成交价：RMB 242,000

拍卖公司：诚铭国际

▲ **翡翠雕福寿纹发簪**

年代：清中期　尺寸：长12厘米

拍卖时间：2001年4月25日

成交价：RMB 27,500

拍卖公司：中国嘉德

▲ 龙凤呈祥翡翠牌
年代：民国初
尺寸：高11厘米 宽8厘米
拍卖时间：2002年11月23日
估价：HK$ 130,000-150,000

▲ 喜鹊云龙翡翠牌
年代：民国初
尺寸：高8.5厘米 宽6厘米
拍卖时间：2002年11月23日
估价：HK$ 110,000-150,000

▲ 翡翠雕坠
拍卖时间：1999年11月1日
估价：HK$ 6,500-7,800

▲ 翠荷莲纹佩
年代：清
尺寸：高5厘米
拍卖时间：1999年8月3日
估价：RMB 350,000-450,000

主要参考书目
CANKAO SHUMU

1、《翡翠鉴赏》，奥岩著，地质出版社，2001年版。

2、《中国珠宝收藏与投资全书》，李殿臣主编，天津古籍出版社，2006年版。

3、《翡翠品种与鉴评》，戴铸明编著，云南科技出版社，2007年版。

4、《翡翠宝石学》，袁心强著，中国地质大学出版社，2004年版。

5、《翡翠》，潘建强等著，地质出版社，2005年版。

6、《鉴识翡翠》，万珺著，福建美术出版社，2003年版。

7、《珠宝千问》，田树谷编著，中国大地出版社，2004年版。

8、《中国玉器收藏与鉴赏全书》，谢天宇主编，天津古籍出版社，2004年版。

9、《宝石鉴定学》，李兆聪编著，地质出版社，2001年版。

10、《翡翠书》，张志芳主编，云南人民出版社，2006年版。

11、《翡翠精品投资技巧》，徐军著，云南美术出版社，2006年版。

12、《秋眉翡翠：实用翡翠学》，欧阳秋眉、严军著，学林出版社，2005年版。

13、《翡翠探秘》，张竹邦著，云南科技出版社，2005年版。

14、《翡翠鉴赏与选购》，戴铸明编著，云南科技出版社，2005年版。

15、《翡翠等级与价格:识辨、保值与误区》，徐军著，云南美术出版社，2005年版。

16、《缅甸翡翠研究最新成果》，吴瑞华主编，中国地质大学出版社，2003年版。

17、《保值翠玉》，李英豪著，辽宁画报出版社，2002年版。

18、《鉴别翡翠》，李英豪编著，辽宁画报出版社，2000年版。

19、《大众收藏丛书——翡翠》，孙国志著，中国文联出版社，2006年版。

20、《翡翠》，董振信，刘继忠编著，地震出版社，1999年版。

21、《翡翠史话》，牛秉钺编著，紫禁城出版社，1994年版。

22、《钻石与翡翠》，严阵编著，西安地图出版社，1994年版。

23、《翡翠的识别与经营》，赵从旭等编著，中国建材工业出版社，1993年版。

24、《翡翠赌石技巧与鉴赏》，徐军著，云南美术出版社，2006年版。

25、《中国服饰收藏与投资全书》，陈晓启主编，天津古籍出版社，2006年版。

26、《名贵珠宝投资收藏手册》，张庆麟，翁臻培编著，上海科学技术出版社，2004年版。